『新 QC 七つ道具活用術 ―こんな使い方もある新 QC 七つ道具―』
(第 1 刷)正誤表

　第 1 刷(2015 年 11 月 2 日発行)において，誤りがありました．お詫びして訂正いたします．

2015 年 11 月　日科技連出版社

追記箇所	追記内容
p.iv	**【西日本 N7 研究会　部員一覧　追記】** 　　　　西日本Ｎ７研究会　部員一覧　（○：本書の執筆者） 　　部会長　○　今里　健一郎　（ケイ・イマジン） 　　部　員　○　飯塚　裕保　　（積水化学工業株式会社） 　　　　　　○　猪原　正守　　（大阪電気通信大学） 　　　　　　　　上野　真由　　（東洋ゴム工業株式会社） 　　　　　　○　神田　和三　　（東洋紡株式会社） 　　　　　　○　北廣　和雄　　（積水化学工業株式会社） 　　　　　　○　兒玉　美恵　　（日本鋳鍛鋼株式会社） 　　　　　　○　小林　正樹　　（関西電力株式会社） 　　　　　　○　子安　弘美　　（テネジーコーポレーション） 　　　　　　○　高木　美作恵　（クリエイティブ　マインド） 　　　　　　○　田中　達男　　（株式会社赤福） 　　　　　　○　玉木　太　　　（住友電気工業株式会社） 　　　　　　○　野口　博司　　（流通科学大学名誉教授） 　　　　　　　　藤　　智史　　（関西電力株式会社） 　　　　　　　　松浦　亮介　　（ＳａＴＳＵｋｉ） 　　　　　　　　松本　久志　　（東洋ゴム工業株式会社） 　　　　　　　　三好　健一　　（住友電気工業株式会社） 　　　　　　　　村井　隆之　　（関西電力株式会社） 　　　　　　　　持田　充　　　（東洋紡株式会社） 　　　　　　○　山来　寧志　　（大阪電気通信大学） 　　事務局　　　澤田　富美子　（一般財団法人日本科学技術連盟）

p.211	【引用・参考文献　追記】
	3)　M. G. ケンドール著, 浦昭二, 竹並輝之共訳:『サイエンスライブラリ統計学 4　多変量解析の基礎』, サイエンス社, 1972 年.
	4)　M. G. ケンドール著, 奥野忠一, 大橋靖雄共訳:『多変量解析』, 培風館, 1981 年.
	5)　磯貝恭史, 野口博司:「相関・回帰分析・多変量解析」,『品質管理と標準化セミナーテキスト』, 日本規格協会, 2006 年.

新QC七つ道具活用術

こんな使い方もある新QC七つ道具

西日本N7研究会編

今里 健一郎　編著

飯塚 裕保	子安 弘美
猪原 正守	高木 美作恵
神田 和三	田中 達男
北廣 和雄	玉木 太
兒玉 美恵	野口 博司
小林 正樹	山来 寧志

日科技連

はじめに

　新QC七つ道具(略してＮ７という)は，グループ活動から企業の経営方針を議論する場まで，いろいろな場面で活用されている．新QC七つ道具を単独で使うのではなく，他の手法(QC七つ道具，統計的手法，信頼性手法など)と組み合わせることによって，直面する問題を解決したり，課題を達成してきている．西日本Ｎ７研究会(日科技連Ｎ７運営部会の大阪研究部会)では，新QC七つ道具や他の手法との組合せで目標を達成する有効な方法を研究してきた．

　西日本Ｎ７研究会は，2010年1月21日に結成され，Ｎ７の普及に参考となる情報を提供することを目的に，関西を中心とした大学や企業の有志9名でスタートし，九州からも駆けつけてくれた1名を含めて，現在13名(累計会員数20名)で活動している．研究会は2カ月に1回部会を開催し，自社で新QC七つ道具を有効に活用されてきた事例やメンバーが提案した新QC七つ道具の使い方を研究する活動を続けてきている．

　本書では，活動の成果を部課長やスタッフの皆さんのお役に立つよう，手法ごとに活用の概要と活用するステップを紹介している．できる限り内容を明記した図解の提供を行い，各事例の最後に活用術を記載している．

　本書の出版に際して，企画を強力に進めていただいた，一般財団法人日本科学技術連盟大阪事務所の澤田富美子氏，株式会社日科技連出版社の戸羽節文氏，石田新氏を始め，多くの方々のご尽力およびご意見をいただいたことにお礼申し上げる．さらに，本書を読んでいただいた方からのご意見などを心待ちにする次第である．

2015年10月

著者一同

目　次

はじめに　iii

第1章　手法組合せ事例の概要と活用パターン……………… 1
1.1　新QC七つ道具とは　2
1.2　図表は議論とともに発展させる　5
1.3　手法活用マップ　9
1.4　事例のパターン分析　12

第2章　親和図法の活用術……………………………………… 29
2.1　親和図法の活用　30

事例1　お客様ニーズに見合った提案型営業の検討：アンケートとAHPから最適な提案活動を探るために必要なお客様ニーズの分析に親和図を活用した事例　32

事例2　設備機器運用のコスト削減：あるべき姿を親和図でまとめ現状とのギャップ発生要因を連関図で分析し攻めどころを明確にした事例　36

事例3　コスト低減要因の追究：連関図とグラフで問題の原因をつかむにあたり難解な糸口を親和図でまとめた事例　40

■猪原教授のN7の真髄①　親和図法　46

第3章　連関図法の活用術……………………………………… 47
3.1　連関図法の活用　48

事例4　お客様満足度向上企業活動の探索：アンケート結果から求めた相関係数で要因間の重みづけを行った連関図の事例　50

事例5　売上低下原因の追究：実態データを参考にしながら要因の客観的評価を行った連関図の事例　54

事例6　慢性不良の低減：グラフ・マトリックス図を組み合わせて慢性不良の原因を明らかにした連関図の事例　58

事例7　商品故障時の対応サービスの向上：相関と回帰分析から時間のかかる要因を見つけるにあたり要因の仮説を整理した連関図の事例　64

■猪原教授のＮ7の真髄②　連関図法　72

第4章　系統図法の活用術　73

4.1　系統図法の活用　74

事例8　技術ノウハウの蓄積：仮説と事実の検証により技術ノウハウの蓄積を行った系統図の事例　76

事例9　キズ不良の低減：特性要因図で取り上げる原因の検証計画を明確にし有効な対策を系統図で立案した事例　80

事例10　最適製造条件の確立：特性要因図から実験する要因の抽出を系統図で行った事例　82

■猪原教授のＮ7の真髄③　系統図法　90

第5章　マトリックス図法の活用術　91

5.1　マトリックス図法の活用　92

事例11　点検不備による事故未然防止：工程FMEAで洗い出されたリスクの重要度を評価するのに活用したリスクマトリックスの事例　94

事例12　原因を解消する有効な対策の評価：系統図で発想した対策と連関図から抽出された要因の解消度を客観的に評価するのに活用したＴ型マトリックス図の事例　98

事例13　新製品の品質機能展開の実施：系統図で展開した品質特性に要求品質を満足させる設計目標に展開するのに活用したマトリックス図の事例　104

事例14　製造コストと生産ロスからのロスコスト分析：系統図で展開した製造コストと生産ロスからロスコストを抽出したマトリックス図の事例　108

目　次

事例15　現場掲示用不良管理表の作成：不良管理または品質管理上の重要項目を見える化するのに活用したＴ型マトリックス図の事例　112

事例16　改善後の副作用の確認：改善度の確認を散布図で行った結果生み出される副作用の検討に活用したＴ型マトリックス図の事例　116

事例17　業務遂行上のスキル向上：業務時間の実態とスキルマップから業務の合理化・効率化を導き出したマトリックス図の事例　124

■猪原教授のＮ７の真髄④　マトリックス図法　134

第6章　アローダイアグラム法の活用術 …………………… 135

6.1　アローダイアグラム法の活用　136

事例18　コスト低減を達成した開発工程の確立：特性要因図と系統図で工程上の問題を解消し，最適な業務推進を明らかにするために活用されたアローダイアグラムの事例　138

事例19　最短で実施可能な新製品開発プログラムの確立：PDPCで開発の進展を予測し，最短納期を追究したアローダイアグラムの事例　142

事例20　大規模清掃作業の適切な工程管理の実施：特性要因図で明らかになった原因を効率よく改善するために活用したアローダイアグラムの事例　146

■猪原教授のＮ７の真髄⑤　アローダイアグラム法　150

第7章　PDPC法の活用術 ………………………………………… 151

7.1　PDPC法の活用　152

事例21　ユーザーニーズを満たす品質機能展開の実施：ユーザーニーズを具体化しながらQFDに仕上げ新製品開発に活用したPDPCの事例　154

事例22　不測事態・トラブルの未然防止：マトリックス図と系統図を用い不測事態と打開策の検討に活用したPDPCの事例　158

事例23　新製品開発における開発予定工期の確保：設計から生産までの所要日数をアローダイアグラムで明らかにし最適な設計手順を導き出すのに活用さ

　　　　れた PDPC の事例　164
　　■猪原教授の N 7 の真髄⑥　PDPC 法　170

第 8 章　マトリックス・データ解析法の活用術……… 171
　8.1　マトリックス・データ解析法の活用　172
　事例24　売れ筋商品の市場調査：親和図で明らかにしたニーズにより効果的な解析を行ったマトリックス・データ解析の事例　174
　事例25　市場における商品情報の把握：パレート図による市場分析を効果的に行うために活用されたマトリックス・データ解析の事例　178
　事例26　受講者レベルに見合った研修の企画：受講者アンケートの結果から今後の QC 研修のあり方を見える化するために活用したマトリックス・データ解析の事例　182
　事例27　商品情報による企業力評価の実施：イメージで理解して，正しい活用のポイントを把握したマトリックス・データ解析の事例　186
　事例28　ビッグデータから倒産企業の予測：ビッグデータからアパレル企業の倒産予知を検討するために活用したマトリックス・データ解析の事例　202
　　■猪原教授の N 7 の真髄⑦　マトリックス・データ解析法　210

引用・参考文献　211

第1章
手法組合せ事例の概要と活用パターン

第1章　手法組合せ事例の概要と活用パターン

1.1　新QC七つ道具とは

　1972年に納谷嘉信氏が中心となって「QC手法開発部会」が結成され，研究論文やOR(オペレーションリサーチ)，VE(価値工学)などいろいろな手法の中から，品質管理の推進に有効であろうと考えられる7つの手法を取りまとめたのが「新QC七つ道具(略してN7と呼ぶ)」である．

　新QC七つ道具とは，親和図法，連関図法，系統図法，マトリックス図法，アローダイアグラム法，PDPC法，マトリックス・データ解析法の7つの手法からなり，英文呼称は「Seven Management Tools for QC」として紹介されるようになった．

　新QC七つ道具の概要は，次のとおりである．

①　親和図法 (Affinity Diagram Method)

　親和図法とは，混沌とした状況の中で得られた言語データを，データの親和性によって整理し，各言語データの語りかける内容から問題の本質を理解する手法である．起源は，川喜田二郎氏のKJ法である．

②　連関図法 (Relation Diagram Method)

　連関図法とは，取り上げた問題について，結果と原因の関係を論理的に展開することによって，複雑に絡んだ糸を解きほぐし，重要要因を絞りこむための手法である．起源は，千住鎮雄氏の管理指標間の連関分析である．

③　系統図法 (Tree Diagram Method)

　系統図法とは，達成すべき目標に対する方策を多段階に展開することで，具体的な方策を得る手法である．起源は，VE(価値分析)における機能系統図である．

④ マトリックス図法(Matrix Diagram Method)

マトリックス図法とは,事象1と事象2の関係する交点の情報を記号化することによって,必要な情報を得る手法である.起源は,あるメーカーの汚れ不良の現象と原因の関係を表した二元表である.

⑤ アローダイアグラム法(Arrow Diagram Method)

アローダイアグラム法とは,計画を推進するうえで必要な作業手順を整理するのに有効な手法である.結合点日程を計算することによって,時間短縮の検討ができる.起源は,OR(オペレーションリサーチ)のPERT手法である.

⑥ PDPC法(Process Decision Program Chart Method)

PDPC法とは,方策を推進する過程において発生するかもしれない事態を予測し,事前に回避するための策を講じておくための手法である.起源は,近藤次郎氏が提案した意思決定法である.

⑦ マトリックス・データ解析法(Matrix-Data Analysis Method)

マトリックス・データ解析法とは,問題に関係する特性値間の相関関係を手がかりに少数個の総合特性を見つけて要約する手法である.起源は,多変量解析の主成分分析である.

図1.1に新QC七つ道具の概要図を示す.

第1章　手法組合せ事例の概要と活用パターン

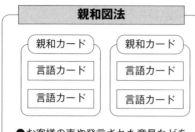
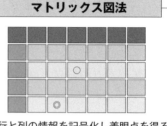
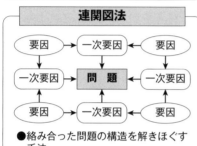
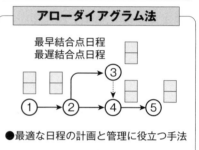
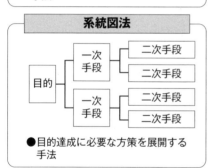
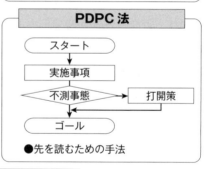
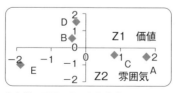

図 1.1　新 QC 七つ道具の概要

1.2　図表は議論とともに発展させる

(1)　ジョハリの窓が新たな発想を生み出す

　新QC七つ道具の各図表は，少なくとも3回検討してみることによって実あるものに仕上げることができる．

　自分には，知っていることと知らないことがある．他人も同じように知っていることと知らないことがある．自分を列に，他人を行に置いたとき，4つの窓ができる．これを"ジョハリの窓"という(**図1.2**)．

　自分も他人も知っている部分を「開かれた窓」という．自分は知っているが他人が知らない部分を「隠された窓」といい，知っていることを他人に話すことによって，この窓が開く．また，他人は知っているが自分は知らない部分を「気づかない窓」といい，人の意見を素直に聴くことによって，この窓が開く．

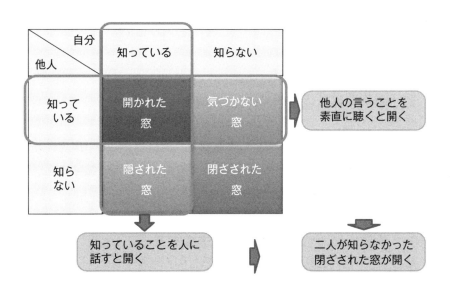

図1.2　議論が発想を生み出す(ジョハリの窓)

この2つの窓を開くことによって，お互いが今まで知らなかった「閉ざされた窓」が開く．「あなたがそういうなら，こんなことも考えられるのでは」という経験はないだろうか．図表はいろいろな人たちと議論することで発展していくものである．発想的に思考する新QC七つ道具は，多くの人たちと議論することによって，よりよいものに仕上げていくことができる．

(2) 活用のポイントは「物語」「成長」「組合せ」

新QC七つ道具を活用するにあたってのポイントは，「物語」「成長」「組合せ」である（**図 1.3**）．

① 言語データには物語がある

親和図や連関図，PDPCのデシジョンポイントで用いる言語データには，「物語」がある．この物語を十分に知り尽くしたうえで，関係性を図表化すると本質の情報を得ることができる．そのため，言語データ1つ1つについて，「いつ」「どこで」「どんな状態」であったかという履歴を残していくことが大切である．

② 図表を成長させること

新QC七つ道具の最初に書かれた図表は，簡単なものである．まずは書かれた図表を現場に持っていって観察し，関係者を集めて図表を肴に議論を行い，わかったことを図表に追加していく．議論の結果意見が出尽くしたら，もう一度まとめ直す．

③ 手法を組み合わせて目的を達成する

新QC七つ道具の各手法は，単独でも目的を達成することができるが，いろいろな手法を組み合わせることによって，さらに高度な目的を達成することができる（**図 1.4**）．

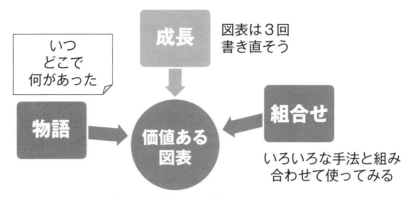

図 1.3　価値ある図表にするために

第 2 章以降で紹介する事例の一覧表を**表 1.1** に示す．この一覧表で表示している「◎」が主たる活用手法(新 QC 七つ道具)であり，「○」が併用して活用した手法である．

図 1.4　新 QC 七つ道具と他の手法の組合せ

第1章 手法組合せ事例の概要と活用パターン

表1.1 本書で紹介する事例と活用手法の一覧表

事例No.	テーマ名	親和図法	連関図法	系統図法	マトリックス図法	アローダイアグラム法	PDPC法	マトリックス・データ解析法	グラフ	パレート図	ヒストグラム	特性要因図	散布図	相関分析	回帰分析	実験計画法	FMEA	リスクマトリックス	AHP	アンケート	品質機能展開
		新QC七つ道具							その他の手法												
事例1	お客様ニーズに見合った提案型営業の検討	◎																	◎	◎	
事例2	設備機器運用のコスト削減	◎	○	○																	
事例3	コスト低減要因の追究	◎	○						○	○											
事例4	お客様満足度向上企業活動の探索		◎											○							
事例5	売上低下原因の追究		◎							○											
事例6	慢性不良の低減		◎	○								○									
事例7	商品故障時の対応サービスの向上	○	○										○	○							
事例8	技術ノウハウの蓄積			◎																	
事例9	キズ不良の低減			◎								○									
事例10	最適製造条件の確立			◎	○					○		○			○						
事例11	点検不備による事故未然防止				◎	○											○	○			
事例12	原因を解消する有効な対策の評価			○	○																
事例13	新商品の品質機能展開の実施	○		○																	◎
事例14	製造コストと生産コストからのロスコスト分析			◎						○											
事例15	現場提示用不良管理表の作成				◎				○												
事例16	改善後の副作用の確認				◎									○							
事例17	業務遂行上のスキル向上				◎				○												
事例18	コスト低減を達成した開発工程の確立		○			◎								○							
事例19	最短で実施可能な新製品開発プログラムの確立					◎	○														
事例20	大規模清掃作業の適切な工程管理の実施					◎								○							
事例21	ユーザーニーズを満たす品質機能展開の実施						◎														◎
事例22	不測事態・トラブルの未然防止			○	○		○														
事例23	新製品開発における開発予定工期の確保					◎	○														
事例24	売れ筋商品の市場調査	○						◎													
事例25	市場における商品情報の把握							◎	○												
事例26	受講者レベルに見合った研修の企画							◎							○						
事例27	商品情報による企業力評価の実施							◎													
事例28	ビッグデータから倒産企業の予測							◎													

1.3 手法活用マップ

本書で紹介する28事例の活用手法のプロセスを**表 1.2** に示す．この内容を手法活用マップとして表したのが**図 1.5** である．この手法活用マップから次の5つの特徴がわかった．

① 汎用的によく使われているのが連関図，系統図，マトリックス図である．
② 漠然とした情報から具体的なポイントを見つけているのが親和図と連関図である．
③ プロジェクト管理や開発工程の最適化を検討するのに使われるのがアローダイアグラムや PDPC である．
④ 2つの手法で展開した事象の関係を評価するのにマトリックス図が有効である．
⑤ 多項数で評価した情報の損失を少なくして少数項にまとめるのにマトリックス・データ解析や親和図が有効である．

これらの新 QC 七つ道具を活用した際には，各要素の事実データを数値で表しておくと確信がもてる情報になる．このとき，各事例ではグラフとパレート図で確認しているグループと，散布図，相関分析で確認しているグループに分かれることがわかった．

再発防止を図るために行われる原因分析では，問題が漠然としているとき，特性要因図などが作成しづらいことがある．このような場合，連関図や系統図で問題を少しブレークダウンし，具体的な問題にしたのちに特性要因図を書くと，効率的に原因を求めることができる．また，実験計画を行う際，要因から実験に取り上げる因子を選定する場合にも系統図が使われている．

適切な工程管理や最短工程を検討するには，ベースとしての管理はアローダイアグラムを活用するが，不測事態が予想される場合には PDPC の併用が効果的である．

第1章　手法組合せ事例の概要と活用パターン

表1.2　手法活用のプロセス

事例No.	テーマ名	事例の概要
事例1	お客様ニーズに見合った提案型営業の検討	アンケートとAHPから最適な提案活動を探るために必要なお客様ニーズの分析に親和図を活用した事例
事例2	設備機器運用のコスト削減	あるべき姿を親和図でまとめ現状とのギャップ発生要因を連関図で分析し攻めどころを明確にした事例
事例3	コスト低減要因の追究	連関図とグラフで問題の原因をつかむにあたり難解な糸口を親和図でまとめた事例
事例4	お客様満足度向上企業活動の探索	アンケート結果から求めた相関係数で要因間の重みづけを行った連関図の事例
事例5	売上低下原因の追究	実態データを参考にしながら要因の客観的評価を行った連関図の事例
事例6	慢性不良の低減	グラフとマトリックス図を組み合わせて慢性不良の原因を明らかにした連関図の事例
事例7	商品故障時の対応サービスの向上	相関と回帰分析から時間のかかる要因を見つけるにあたり要因の仮説を整理した連関図の事例
事例8	技術ノウハウの蓄積	仮説と事実の検証により技術ノウハウの蓄積を行った系統図の事例
事例9	キズ不良の低減	特性要因図で取り上げる原因を明確にし有効な対策を系統図で立案した事例
事例10	最適製造条件の確立	特性要因図から実験を行うに必要な因子の抽出を系統図で行った事例
事例11	点検不備による事故未然防止	工程FMEAで洗い出されたリスクの重要度を評価するのに活用したリスクマトリックスの事例
事例12	原因を解消する有効な対策の評価	系統図で発想した対策と連関図から抽出された要因の解消度を客観的に評価するのに活用したT型マトリックス図の事例
事例13	新商品の品質機能展開の実施	系統図で展開した品質特性に要求品質を満足させる設計目標に展開するのに活用したマトリックス図の事例
事例14	製造コストと生産コストからのロスコスト分析	系統図で展開した製造コストと生産ロスからロスコストを抽出したマトリックス図の事例
事例15	現場提示用不良管理表の作成	不良管理表または工程管理上の重要項目を見える化するのに活用したT型マトリックス図の事例
事例16	改善後の副作用の確認	改善度の確認を散布図で行った結果生み出される副作用の検討に活用したT型マトリックス図の事例
事例17	業務遂行上のスキル向上	業務時間の実態とスキルマップから業務の合理化・効率化を導き出したマトリックス図の事例
事例18	コスト低減を達成した開発工程の確立	特性要因図と系統図で工程上の問題を解消し，最適な業務推進を明らかにするために活用されたアローダイアグラムの事例
事例19	最短で実施可能な新製品開発プログラムの確立	PDPCで開発の進展を予測し，最短納期を追究するために活用したアローダイアグラムの事例
事例20	大規模清掃作業の適切な工程管理の実施	特性要因図で明らかになった原因を効率よく改善するために活用したアローダイアグラムの事例
事例21	ユーザーニーズを満たす品質機能展開の実施	作成されたQFDにユーザーニーズを取り込み実行力のあるQFDに仕上げるプロセスを立案するのに活用したPDPCの事例
事例22	不測事態・トラブルの未然防止	マトリックス図と系統図を用い不測事態と打開策の検討に活用したPDPCの事例
事例23	新製品開発における開発予定工期の確保	設計から生産までの所要日数をアローダイアグラムで明らかにし最適な設計手順を導き出すのに活用されたPDPCの事例
事例24	売れ筋商品の市場調査	親和図で明らかにしたニーズにより効果的な解析を行ったマトリックス・データ解析の事例
事例25	市場における商品情報の把握	パレート図による市場分析を効果的に行うために活用されたマトリックス・データ解析の事例
事例26	受講者レベルに見合った研修の企画	受講者アンケートの結果から今後のQC研修のあり方を見える化するために活用したマトリックス・データ解析の事例
事例27	商品情報による企業力評価の実施	イメージで理解して，正しい活用のポイントを把握したマトリックス・データ解析の事例
事例28	ビッグデータから倒産企業の予測	ビッグデータから取引先アパレル企業の倒産予知を検討するために活用したマトリックス・データ解析の事例

1.3 手法活用マップ

28事例の手法活用プロセスの概要を表1.2に示し，そのプロセスを図示したのが，図1.5の手法活用マップである．

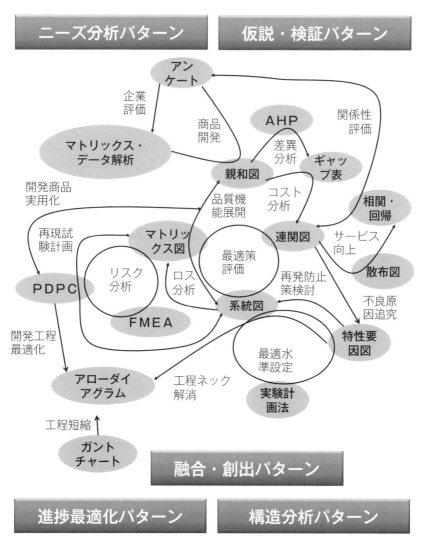

図1.5 手法活用マップ

1.4 事例のパターン分析

28事例の目的やねらいを整理し，図1.5の手法活用マップ次の5つのパターンに分けることができる（表1.3）．
① ニーズ分析パターン
② 仮説・検証パターン
③ 構造分析パターン
④ 進捗適正化パターン
⑤ 融合・創出パターン

①のニーズ分析パターンでは，お客様の声やビッグデータなどから親和図やマトリックス・データ解析を使って集約した情報を得ている．特に用意されたデータがない場合は，SD法でアンケートを設計し，アンケートから数値データや言語データを収集している．

②の仮説・検証パターンでは，関係者の知識と経験から求める事象の仮説を連関図や系統図を使って立てて，データから検証を行っている．結果と要因の関係性を検証する場合は，結果と要因のペアデータを測定し，散布図を書いて相関係数から検証している．

③の構造分析パターンでは，問題の構造を連関図や系統図で要因を洗い出し，主要因を選び，事実のデータを測定して主要因の検証を行っている．その結果，真の原因を特定している．

④の進捗適正化パターンでは，目的とする納期や到達目標を達成するプロセスをアローダイアグラムで書き，不測事態が予測されるプロセスには，打開策をPDPCで検討して進捗管理を効率よく行っている．

⑤の融合・創出パターンでは，親和図や系統図で展開された末端事象同士を二元表であるマトリックス図で融合し，目的とする情報をアウトプットしている．融合する事象の数によって，L型マトリックス図，T型マトリックス図やX型マトリックス図を使い分けている．

1.4 事例のパターン分析

表1.3 取組みパターンの一覧表

事例No.	ねらい・目的	テーマ名	①ニーズ分析パターン	②仮説・検証パターン	③構造分析パターン	④進捗適正化パターン	⑤融合・創出パターン
事例1	営業活動の改善	お客様ニーズに見合った提案型営業の検討	○				
事例2	運用コストの削減	設備機器運用のコスト削減		○			
事例3	製造コストの削減	コスト低減要因の追究		○			
事例4	お客様満足度の向上	お客様満足度向上企業活動の探索		○			
事例5	売上低下	売上低下原因の追究			○		
事例6	慢性不良の低減	慢性不良の低減			○		
事例7	対応サービスの向上	商品故障時の対応サービスの向上			○		
事例8	技術ノウハウの蓄積	技術ノウハウの蓄積			○		
事例9	不良の低減	キズ不良の低減			○		
事例10	最適製造条件の確立	最適製造条件の確立			○		
事例11	トラブルの未然防止	点検不備による事故未然防止			○		
事例12	不具合の解消	原因を解消する有効な対策の評価					○
事例13	新商品の品質機能展開	新商品の品質機能展開の実施					○
事例14	ロスコストの分析	製造コストと生産コストからのロスコスト分析					○
事例15	適正な工程管理	現場提示用不良管理表の作成				○	
事例16	改善効果の確認	改善後の副作用の確認		○			
事例17	業務スキルの向上	業務遂行上のスキル向上					○
事例18	適正な開発工程の策定	コスト低減を達成した開発工程の確立				○	
事例19	適正な開発工程の策定	最短で実施可能な新製品開発プログラムの確立				○	
事例20	作業の工程管理	大規模清掃作業の適切な工程管理の実施				○	
事例21	新商品の品質機能展開	ユーザーニーズを満たす品質機能展開の実施				○	
事例22	トラブルの未然防止	不測事態・トラブルの未然防止		○			
事例23	適正な開発工程の策定	新製品開発における開発予定工期の確保				○	
事例24	マーケティング分析	売れ筋商品の市場調査	○				
事例25	マーケティング分析	市場における商品情報の把握	○				
事例26	研修計画の企画	受講者レベルに見合った研修の企画	○				
事例27	企業力の評価	商品情報による企業力評価の実施	○				
事例28	企業力の評価	ビッグデータから倒産企業の予測	○				

(1) ニーズ分析パターンの事例

ニーズ分析パターンの解析プロセスと参考事例を**図 1.6** に示す．

ニーズ分析パターンの事例としては，お客様の声を親和図で整理し，アンケートを行い，AHP で評価して提案型営業の改善を行った「お客様ニーズに見合った提案型営業の提案（事例1）」がある．

また，ビッグデータや研修受講後アンケート結果をマトリックス・データ解析を行い，主成分得点の散布図から情報を得ている「ビッグデータから倒産企業の予測（事例28）」や「受講者レベルに見合った研修の企画（事例26）」がある．

さらに，市場に出回っている商品の評価をアンケートを使って実施し，その結果データからマトリックス・データ解析を行い，商品価値の評価を行っている「売れ筋商品の市場調査（事例24）」がある．

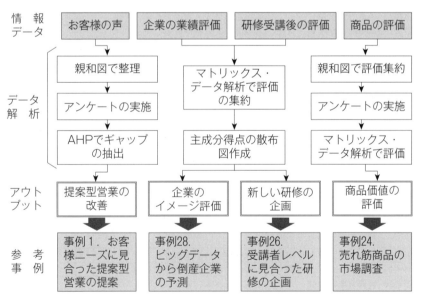

図 1.6　ニーズ分析パターンの解析プロセスと参考事例

1.4 事例のパターン分析

事例1　お客様ニーズに見合った提案型営業の検討

Step 1 お客様の生の声を親和図で整理する

Step 2 親和図をもとにアンケートを作成する

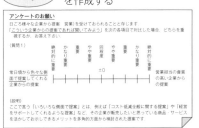

Step 3 アンケート結果をAHPにより重みづけを実施し，お客様と社員との意識を比較する

大分類	中分類	顧客のニーズ	社員の意識
いろいろな側面から提案をしてくれる企業	お客様の視点に立った公平な作り込みのされている提案	0.018864	0.054715
	実データに基づいた信憑性の高い提案	0.03275	0.104135
	社内の会議やりん議などにそのまま使えるように作り込みのされた提案	0.0.0174	0.020474
	コスト低減に関する提案	0.08943	0.089662
	安全面に重点を置いた提案 【安全面】	0.090652	0.030358
営業担当の資質の高い企業	接客態度や案件対応などにおいて大切にしてもらっているという感じを受ける営業担当	0.017108	0.028638
	【アフターフォロー面】		
充実したアフターサービスをしてくれる企業	効果測定などによりきちんとフォローし安心感を与えてくれる企業	0.179949	0.15412
	メニュー変更後，お客さまが安心できるようにフォローしてくれる企業	0.02314	0.030914
情報提供の手段として定期的にイベントを開催している企業	イベント等で新しいサービスメニューを提供してくれる企業	0.02314	0.030914
	PRイベントを行きやすい季節に開催してくれる企業	0.009752	0.006232

得られた情報

以上の結果，お客様と社員間で重要視している項目について，差（ギャップ）があることが判明した．お客様は「安全面」「アフターフォロー面」を重視している．

事例28　ビッグデータから倒産企業の予測

Step 1 取引先企業を抽出し，データを収集する

得られた情報

主成分5の＋側は，収益性も少しあるが買入債務回転期間があり，手形手持月数が－で少ない．
すなわち，少し収入があってもすぐに借金取りが待っていて，火の車の状態を意味している．
つまり，予定していた収入が入らなくなると不渡りを出して倒産するということが分かった．

Step 2 優良・不良・倒産企業の主成分分析を行う

Step 3 主成分2（Z2）と主成分5（Z5）による倒産企業と不良企業群の散布図を作成する

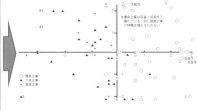

第1章 手法組合せ事例の概要と活用パターン

事例26　受講者レベルに見合った研修の企画

No.	QC的考え方	QC七つ道具	QCストーリー	統計的手法	新QC七つ道具
1	81	91	58	76	70
2	82	87	57	81	69
3	76	90	56	79	68
4	76	89	64	83	67

Step 1 30人の社員にQC関連のテストを実施する

マトリックス・データ解析

Step 2 2つの主成分を選定する

主成分	Z1	Z2	Z3	Z4	Z5
固有値	2.526	1.796	0.498	0.106	0.074
寄与率	50.5%	35.9%	10.0%	2.1%	1.5%
累積寄与率	50.5%	86.4%	96.4%	98.5%	100.0%
因子負荷量					
QC的考え方	0.348	0.849	0.356	-0.177	-0.010
QC七つ道具	-0.696	0.683	0.058	0.149	0.157
QCストーリー	0.808	0.310	-0.483	-0.062	0.116
統計的手法	-0.695	0.600	-0.361	-0.030	-0.158
新QC七つ道具	0.886	0.391	0.063	0.219	-0.103
	↓	↓			
	思考力	総合力			

Step 3 主成分得点から技術レベルに応じた研修計画を策定する

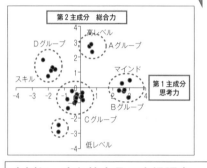

研修計画方針
これからのQC研修は、社員のレベルに応じたカリキュラムを5パターン立案する

事例24　売れ筋商品の市場調査

Step 1 言語データを収集する

上位親和カード：**丁寧な対応をする**
- 適切な受け答え
- お客様に笑顔で話す
- 聞き取りやすく話す

（お客様に笑顔で話す／聞き取りやすく話す）

Step 2 親和図を作成と概念の構築を行う

上位親和カード：**電話待ち時間が短い**
- 電話に素早く対応する
- 電話問合せにすぐ回答する
- 電話に素早く出る

Step 3．4 親和カードからSD法を用いてアンケートを作成・実施・数値化する

Step 5 マトリックス・データ解析を行う

得られた情報
「丁寧さ」は総合的に評価が高い、「電話待ち時間」は総合評価が一番低くかつ迅速さも低い評価ということがわかった．

(2) 仮説・検証パターンの事例

仮説・検証パターンの解析プロセスと参考事例を**図1.7**に示す.

仮説・検証パターンの事例としては,お客様満足度と企業活動の関係を連関図で仮説を設定し,アンケート結果より計算された相関係数から矢線の有無を検証した「お客様満足度向上企業活動の探索(事例4)」や,連関図で仮説を立てた「商品故障時の対応サービスの向上(事例7)」や「コスト低減要因の追究(事例3)」がある.

また,トラブル解消の仮説を系統図で立て,実績を検証した「仮説要因型系統図による技術ノウハウの蓄積(事例8)」などがある.

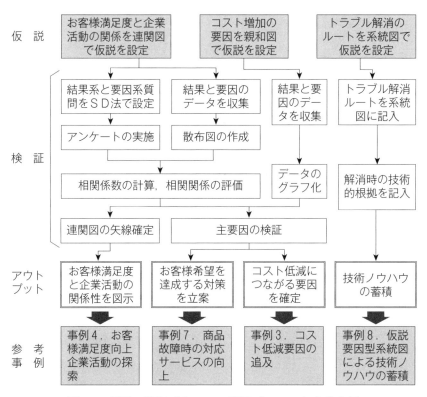

図1.7 仮説・検証パターンの解析プロセスと参考事例

第1章　手法組合せ事例の概要と活用パターン

事例4　お客様満足度向上企業活動の探索

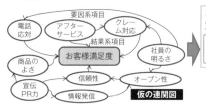

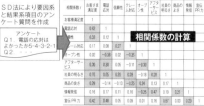

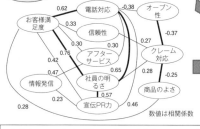

得られた情報

以上の結果，作成された連関図から，「お客様満足度」に影響が強い企業活動として，「電話応対」と「社員の明るさ」が重要なポイントになることがわかった．また，「信頼性」「アフターサービス」「宣伝PR力」「商品のよさ」も影響することがわかった．

事例7　商品故障時の対応サービスの向上

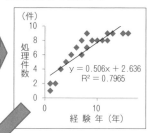

得られた情報

・新人の修理技術レベルを上げ，早く戦力化する
・修理に必要な工具がすぐに使えるよう修理環境を整える
・修理に必要な部品手配のミスをなくす

1.4 事例のパターン分析

事例3　コスト低減要因の追究

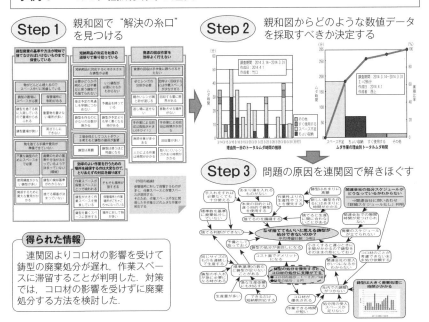

事例8　技術ノウハウの蓄積

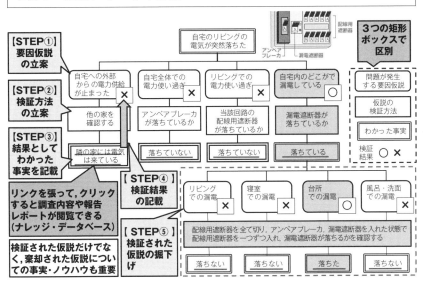

(3) 構造分析パターンの事例

構造分析パターンの解析プロセスと参考事例を図1.8に示す.

構造分析パターンの事例としては，慢性不良やクレームの発生原因を突き止めることから連関図による要因の洗い出しとデータによる要因の検証を行っている「慢性不良の低減(事例6)」や「クレーム発生原因の追究(事例5)」がある.

また，未然防止のために潜在的要因を見える化するため，FMEAによる不具合の想定とリスクマトリックスによるリスク評価を行った「点検不備による事故未然防止(事例11)」がある.

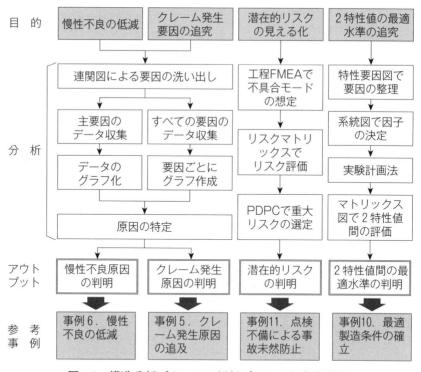

図1.8 構造分析パターンの解析プロセスと参考事例

1.4 事例のパターン分析

事例6　慢性不良の低減

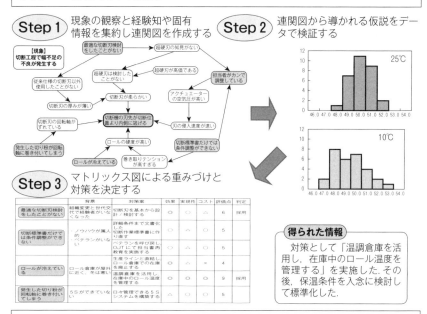

事例5　売上低下原因の追究

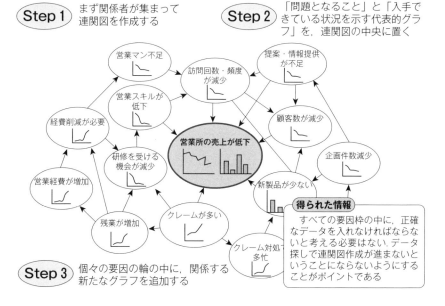

第1章 手法組合せ事例の概要と活用パターン

事例11 点検不備による事故未然防止

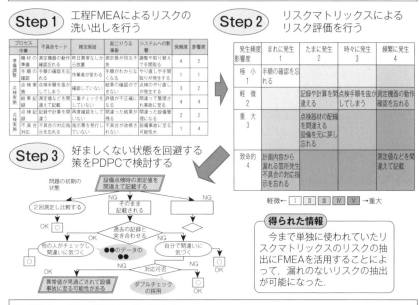

事例10 最適製造条件の確立

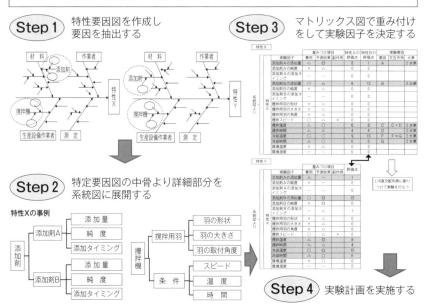

(4) 進捗適正化パターンの事例

進捗適正化パターンの解析プロセスと参考事例を図1.9に示す.

進捗適正化パターンの事例としては,アローダイアグラムで作成した工程表で見つかったネックか所を特性要因図でクリアした「コスト低減を達成した開発工程の確立(事例18)」や予想される不測事態をPDPCで予測した「最短で実施可能な新製開発プログラムの確立(事例19)」などがある.

また,新製品の品質機能展開を実用レベルまで引き上げるため,試行と品質機能展開の修正を繰り返して行う計画をPDPCで進めていった「ユーザーニーズを満たした品質機能展開の実施(事例21)」などがあげられる.

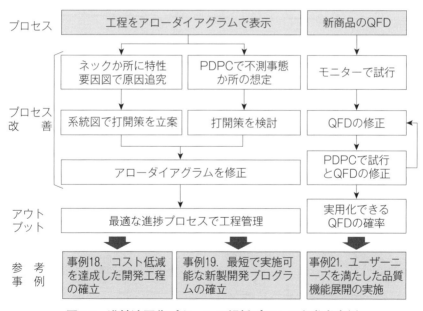

図1.9 進捗適正化パターンの解析プロセスと参考事例

第1章 手法組合せ事例の概要と活用パターン

事例18 コスト低減を達成した開発工程の確立

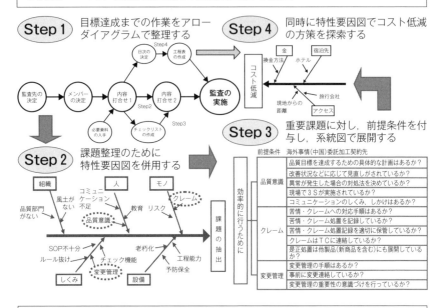

事例19 最短で実施可能な新製開発プログラムの確立

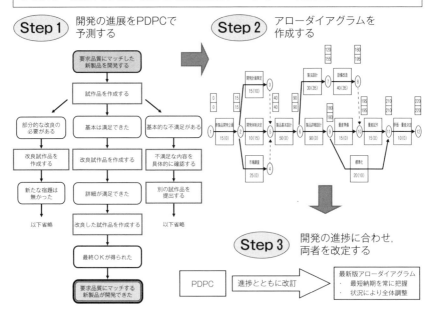

事例21　ユーザーニーズを満たした品質機能展開の実施

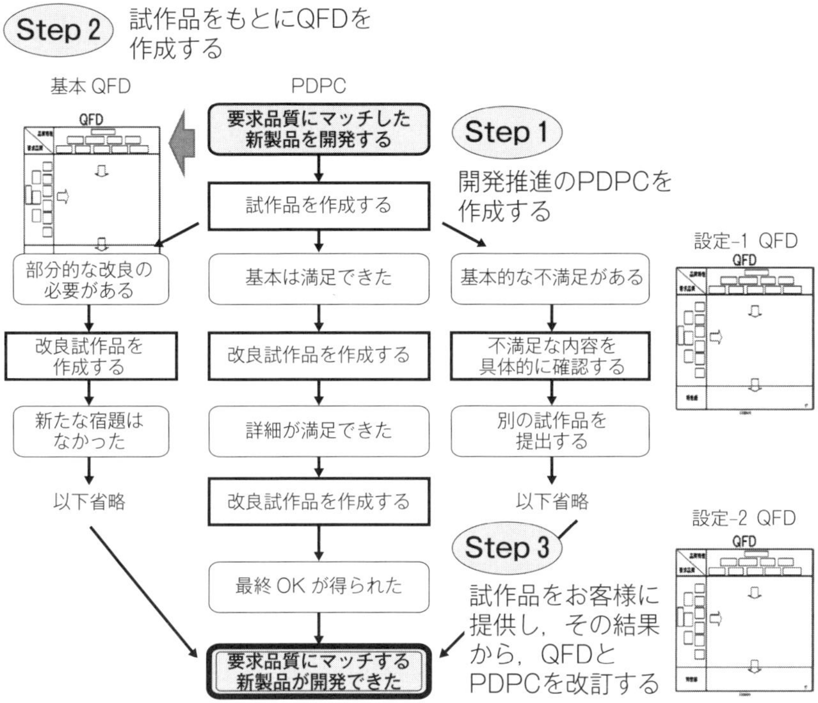

Step 2　試作品をもとにQFDを作成する

Step 1　開発推進のPDPCを作成する

Step 3　試作品をお客様に提供し，その結果から，QFDとPDPCを改訂する

基本QFD

PDPC

設定-1 QFD

設定-2 QFD

PDPC フロー：
- 要求品質にマッチした新製品を開発する
- 試作品を作成する
  - 基本は満足できた → 改良試作品を作成する → 詳細が満足できた → 改良試作品を作成する → 最終OKが得られた → 要求品質にマッチする新製品が開発できた
  - 基本的な不満足がある → 不満足な内容を具体的に確認する → 別の試作品を提出する → 以下省略

基本QFD側：
- 部分的な改良の必要がある → 改良試作品を作成する → 新たな宿題はなかった → 以下省略

第1章　手法組合せ事例の概要と活用パターン

(5) 融合・創出パターンの事例

融合・創出パターンの解析プロセスと参考事例を図 1.10 に示す．

融合・創出パターンの事例としては，親和図で展開した要求品質と系統図で展開した品質特性をL型マトリックス図で融合し，品質目標を創出した「新商品の品質機能展開の実施(事例13)」がある．

連関図で展開した問題と要因の関係と系統図で展開した対策のうち，原因を取り除く有効な対策を評価するのにT型マトリックス図を活用した「原因を解消する有効な対策の評価(事例1)」がある．

さらに，系統図で展開した製造コストと生産コストをL型マトリックス図で融合した「製造コストと生産コストからのロスコスト分析(事例14)」がある．

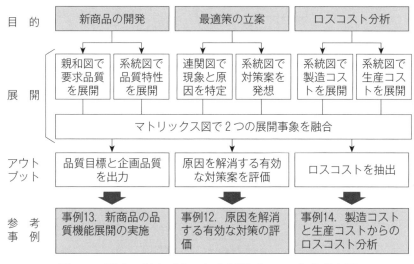

図 1.10　融合・創出パターンの解析プロセスと参考事例

1.4 事例のパターン分析

事例13　新商品の品質機能展開の実施

事例12　原因を解消する有効な対策の評価

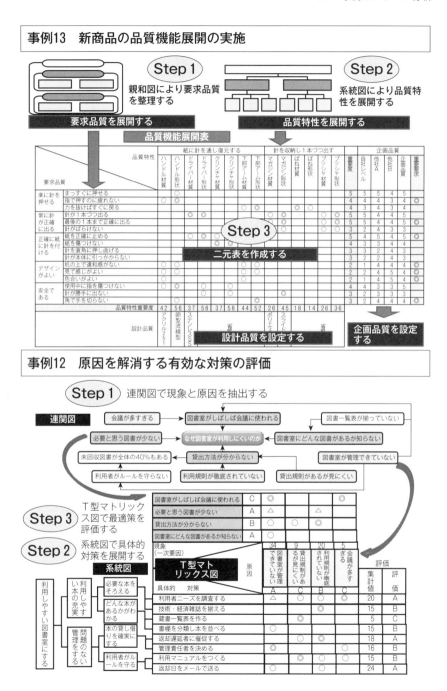

第1章　手法組合せ事例の概要と活用パターン

事例14　製造コストと生産コストからのロスコスト分析

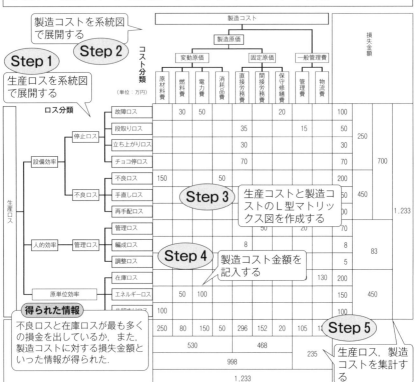

N7 活用術七カ条

第一条　言語データは具体的に主語と述語の短文で表すべし
第二条　言語データの重要性を事実の数値データで押さえるべし
第三条　系統図の展開は1目的から2手段を基本とすべし
第四条　親和図のまとめは2言語データから1言語データを基本とすべし
第五条　最初は簡単な図表から出発し徐々に成長させるべし
第六条　N7と他の手法と組み合わせることでより有効になると思うべし
第七条　図表がもつ物語を記載すべし

第2章

親和図法の活用術

第2章 親和図法の活用術

2.1 親和図法の活用

(1) 親和図法とは

　親和図法とは，本来未経験の分野，あるいは未来・将来の問題など，混沌としたハッキリしない中から，事実あるいは推定，意見などを言語データでとらえ，それらの言語データを親和性によって統合し，問題の構造やあるべき姿を明らかにする方法である（**図2.1**）．

> **親和図法のルーツ**
>
> 　親和図法は，川喜田二郎氏によって開発されたKJ法を起源としている．KJ法は社会科学分野の手法であるが，これをTQM活動への活用をねらいとして，「新QC七つ道具」のひとつに取り入れたものが親和図法である．

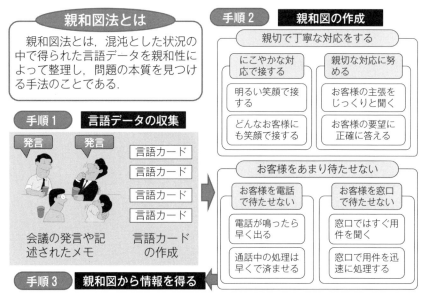

図2.1　親和図法の概要

(2) 親和図の活用ポイント

親和図を活用するポイントは，適切な言語データを作成することである．そのポイントは次のとおりである（図 2.2）．

Point 1　言語データは1つの内容を短文で表現する
① 主語＋述語または名詞＋動詞の短い文（センテンス）にする．
② できるだけ具体的に表し，抽象的な表現は避ける．
③ 単語や～化など，「体言止め」にしない．
④ 1枚の言語データの中に，同時に2つ以上のことを述べない．

Point 2　2つの言語データを寄せて1つの親和カードを作成する

完成を急ぐあまり，つい3つ4つと集めることが多いと思うが，基本は2つの言語データから1つの親和カードを順に作成していく．

親和カードを作成するポイントは，2つの言語データの意味をよく表す短文で作成することである．足し算や抽象的なタイトルにならないようにする．また，想像力豊かに内容を変えてしまうこともあるので注意する．

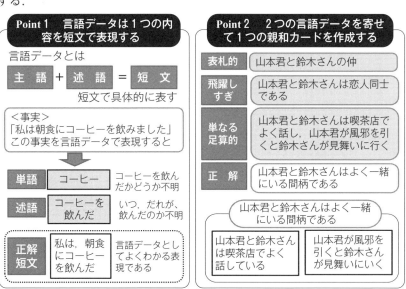

図 2.2　言語データの表現ポイント

事例1　お客様ニーズに見合った提案型営業の検討

アンケートとAHPから最適な提案活動を探るために必要なお客様ニーズの分析に親和図を活用した事例

親和図　AHP　アンケート

　提案営業活動においては，お客様に自社の商品やサービスを選んでいただくために，お客様ニーズに合致した提案をすることが，営業担当に課せられた重大な使命である．効率的な営業活動のためには，お客様ニーズと現状の営業活動のギャップ（攻めどころ）を具体的に把握することが必要である．

Step 1　お客様の要求品質を親和図で整理

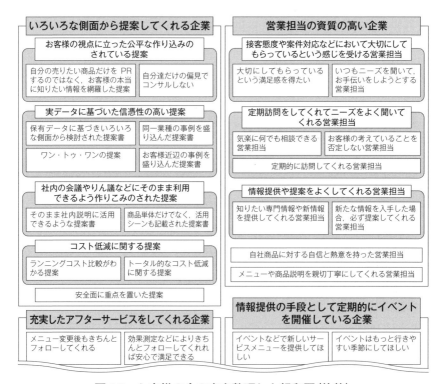

図2.3　お客様の生の声を整理した親和図（抜粋）

まず，営業活動で得られた，お客様の「生の声」をもとに，お客様要求品質を親和図で整理する（図2.3）．

Step 2　親和図からアンケートを作成

次に，親和図で整理した項目に従って，階層分析（AHP：Analytic Hierarchy Process）のためのアンケートを作成する．アンケートは，お客様と営業マンの意識の差を確認するため，お客様と営業マンの両方にアンケートを実施する（図2.4）．

階層分析法とは，1971年にThomas L. Saatyにより提唱された意思決定支援の手法であり，発想された多くのアイデアから目的に合致したアイデアを，効果的に「評価」して絞り込む手法である．

多くのアイデアをいかにして総合的に公平に評価したらよいのかが問題となるが，AHPは問題の構造を，①問題または最終目標，②評価基準，③代替案の階層関係でとらえ，最終目標から見た代替案の評価を行

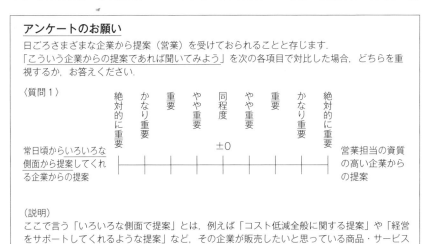

図2.4　親和図をもとに作成したアンケート

う．この手法は，評価基準が多く，しかも互いに共通の尺度がない場合に使うと有効である．

Step 3　アンケート結果を AHP により分析

　アンケート結果について，AHP により重みづけを実施し，お客様と営業マンの意識の差を比較する．ここでは，重みが0.09以上の項目（網掛した項目）に注目した．

　分析の結果，お客様と営業マンの間で重要視している項目について，以下のことが判明した（ギャップの把握）．
　①　お客様は「安全面」「アフターフォロー面」を重視していた
　②　営業マンは「アフターフォロー面」だけでなく，「信憑性の高い提案」が重要だと考えていた

　次に，この結果をもとにギャップの解消に向けた具体的な取組みについて検討していくこととなる（図 2.5）．

活用術　その一

　この事例のポイントは，親和図で描いた「あるべき姿」と「現在の姿」のギャップを，AHP を用いて定量的に把握している点にある．ギャップシートを用いて定性的にギャップを把握している事例はよく見かけるが，それ以外のアプローチとして参考になる．

〈小林正樹〉

事例1　お客様ニーズに見合った提案型営業の検討

大分類	中分類	顧客のニーズ	社員の意識
いろいろな側面から提案してくれる企業	お客様の視点に立った公平な作り込みのされている提案	0.018864	0.054715
	実データに基づいた信憑性の高い提案	0.03275	**0.104135**
	社内の会議やりん議などにそのまま使えるように作り込みのされた提案	0.0.0174	0.020474
	コスト低減に関する提案	0.08943	0.089662
	安全面に重点を置いた提案　【安全面】	**0.090652**	0.030358
営業担当の資質の高い企業	接客態度や案件対応などにおいて大切にしてもらっているという感じを受ける営業担当	0.017108	0.028638
	【アフターフォロー面】		
充実したアフターサービスをしてくれる企業	効果測定などによりきちんとフォローし安心感を与えてくれる企業	0.179949	0.15412
	メニュー変更後，お客様が安心できるようにフォローしてくれる企業	**0.02314**	0.030914
情報提供手段として定期的にイベントを開催している企業	イベントなどで新しいサービスメニューを提供してくれる企業	0.02314	0.030914
	PRイベントを行きやすい季節に開催してくれる企業	0.009752	0.006232

【顧客ニーズ】【社員の意識】

得られた情報

以上の結果，お客様と社員間で重要視している項目について，差（ギャップ）があることが判明した．お客様は「安全面」「アフターフォロー面」を重視している．

図2.5　AHPによる重みづけと意識の比較

事例2　設備機器運用のコスト削減

あるべき姿を親和図でまとめ現状とのギャップ発生要因を連関図で分析し攻めどころを明確にした事例

　　　　　　　　　　　　　　　親和図　ギャップシート　連関図

　問題解決あるいは課題達成を行うにあたっては，あるべき姿と現状とのギャップを正確に把握したうえで，ギャップの発生要因を分析して重要要因を特定し，対策を打つことがポイントである．

Step 1　あるべき姿を親和図で検討

　情報通信部門が社内に配備している情報通信機器(以下，IT機器)が過剰に配備されているのではないか，との意見があり，コスト削減のため最適な配備基準を検討することとなった．

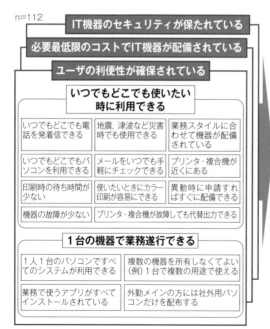

図 2.6　あるべき姿を検討した親和図

最適な配備基準を定めるにあたり，まず情報通信部門所属員全員から「IT機器の最適な配備状態とは？」というテーマで言語データを収集し，「IT機器の最適な配備状態」，すなわち「あるべき姿」として親和図で整理したところ，「利便性」「コスト」「情報セキュリティ」の3つの観点で配備基準を定めていく必要があることがわかった(**図2.6**).

Step 2　あるべき姿と現状のギャップをギャップシートで抽出

　次に，現状の配備状況について調査したうえで，Step 1で描いた「あるべき姿」と現状のギャップをギャップシートで整理したところ，「情報セキュリティ」の観点ではギャップはなかったが，「利便性」と「コスト」の観点ではギャップがあることが明らかとなった(**図2.7**).

ギャップ抽出観点	あるべき姿			現状	ギャップ
	パソコン	電話	プリンタ・複合機		
利便性	いつでもどこでも使いたいときに利用できる			同左	なし
	1台の機器で業務遂行できる			複数の機器がなければ業務遂行できない	1台の機器だけで業務遂行できない
コスト	設置台数にムダがない			必要以上に配備されている	ムダなIT機器がある
	配備状況と利用実態を管理できている			総数はわかるが，内訳は曖昧にしかわからない	機器分類，管理項目が会社で統一されていない
				IT機器の所在しか管理していない	IT機器の利用実態を把握できていない
	機器の単価やランニング費用が安い			同左	なし
情報セキュリティ	不注意や過失が発生してもリスク回避できる			同左	なし

図2.7　あるべき姿と現状のギャップを抽出したギャップシート

Step 3　ギャップ発生要因を連関図により分析

　明らかとなったギャップそれぞれに対して連関図で要因を分析し，重要要因を特定した（図2.8，2.9）．

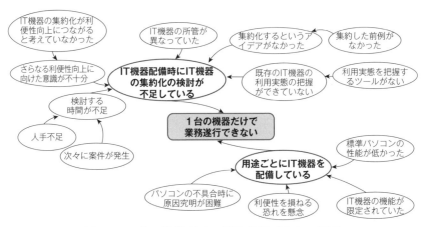

図2.8　1台の機器だけで業務遂行できない要因

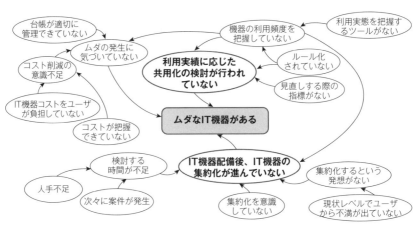

図2.9　ムダなIT機器がある要因分析

Step 4　攻めどころの明確化

特定された重要要因を整理し，これを解決するための攻めどころを検討した(図 2.10).

要因抽出 観点	ギャップ	重要要因	攻めどころ
利便性	1台の機器だけで業務遂行できない	用途ごとにIT機器を配備している	集約化を図る(複数の機器を整理して一つの機器にまとめる)
		IT機器配備時にIT機器の集約化の検討が不足している	
コスト	ムダなIT機器がある	IT機器配備後，IT機器の集約化が進んでいない	
		利用実績に応じた共用化の検討が行われていない	共用化を図る(一つの機器を複数人で共同で使う)
	機器分類，管理項目が全社で統一されていない	全社で統一された分類の考え方が示されていない	分類の考え方を明示する
		支店ごとに管理項目が異なっている	管理項目を統一する
	IT機器の利用実態を把握できていない	棚卸しのルールに「利用実績の把握」を規定していない	棚卸しルールの見直し
		利用実態を把握するツールがない	分析ツールを構築する

図 2.10　攻めどころの明確化

活用術　その二

この事例は，手法の活用法自体はオーソドックスであるが，適用テーマに独自性があり，技術部門はもちろん事務部門にも広く応用できる．

〈小林正樹〉

事例3　コスト低減要因の追究

連関図とグラフで問題の原因をつかむにあたり難解な糸口を親和図でまとめた事例

　　　　　　　　　　　　　　　　　　　　　親和図　連関図

　さまざまな事情がからみ，混沌としてどこから手をつけてよいかわからない問題，例えば，「こちらを立てればあちらが立たず」というように，どう手をつけてよいかわからない場合の参考事例である．

　このような問題に取り組もうとする場合，活動初期段階のデータ収集で「何のデータをとらなければならないのか」がわからず，結局，"数値データがない"もしくは"データ不足"を理由に，"テーマとしては不向き"と結論づけ，テーマとして取り上げないのは往々にしてあることであり，身に覚えがある方も多いと考える．

　しかし，このようなケースは負のスパイラルに陥っていることも多く，"早急に対応しなければならない"ケースとも言えるのである．

　そこで，このようなケースであっても言語データを活用することで，必要な箇所を絞ってデータ収集すれば，問題に取り組みやすくなり，また限られた時間の中で効率的に問題を解決することが可能になる．

　解決までの概略は以下のとおりである．

　コストダウンを行うため，砂の再利用に取り組もうとした．しかし，砂の回収は手作業でしか行えず，重労働になるため，メンバーに嫌がられ思うように回収できない．また手作業ゆえに時間もかかって，逆にコスト高になる．

　作業を効率的に行うには重機を使う方法がよいが，場所が狭く重機を入れられない．工場内の作業スペースには本来の保管場所からあふれた鋳型があり，重機を入れる作業スペースの確保が難しい．

　鋳型は高額で，"廃棄処分すればよい"という話にはならず，結局，コストや短納期対応を考えれば鋳型が優先され，作業スペースの確保は

後回しとなり，何も解決しないまま堂々めぐり，つまり負のスパイラルに陥っている．

取組みのステップ

問題の解決までの具体的な取組みのステップは，次のとおりである．

Step 1　親和図で"解決の糸口"を発見

問題の構造を明らかにするために親和図を作成する．さらに，作図の結論をまとめることで，解決の糸口になるのがどこかを探る(**図 2.11**)．

Step 2　データによる事実の分析

まずは，親和図の「作図の結論」から，何の数値データを採取すべきかを決める．

(1) 親和図からどのような数値データを採取すべきか決定

親和図の作図の結論から作業スペースに関連した手作業などのムダ作業を調べればよいことがわかったので，以下のことを調べた．

・どんなムダな作業があるのか(ムダ作業項目)
・どれ位のムダな時間を費やしているのか(ムダ作業時間)

その結果，下記①，②の2つのムダな作業の実態が把握できた．

①　仮置き

仮置きは，後でまたものを移動させなければならないムダな動作であるが，これは，スペース不足が理由で仮置きする以外にも，

・すぐに使うが，仮置きする場合
・ちょっとの期間だけ収納する場合(ちょい収納)

もある．何がどれだけあるか不明なので，まずは，時系列で理由別にデ

第2章　親和図法の活用術

作成日：2014.3.1　　　作成者：鳥越

図 2.11　「なぜ砂の回収が思うようにできないのか」の親和図

ータを採取した．その後層別し，パレート図に表した(**図 2.12**)．

　パレート図から，スペース不足による仮置きがムダ時間の約70％を占めることから，攻撃重点項目を"スペース不足"と決定した．

参考：目標の設定は，作業スペース不足はどれぐらいなのか，どれくら

い確保できれば，ムダ作業は発生しないのかを元に，必要な広さを「工場の配置図」を用いながら算出して設定した．

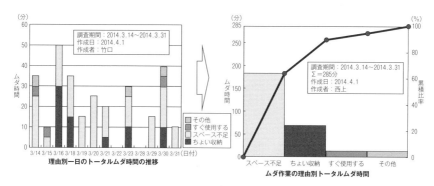

図2.12　理由別ムダ時間のパレート図

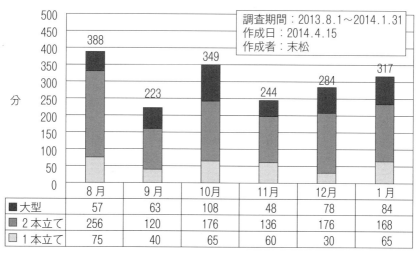

図2.13　月別　手作業による砂の回収作業時間

② 手作業による定盤砂の回収

重機用の作業スペースを確保できず，重機を入れられないため手作業で回収を行っていること，そのために，ムダとムリが発生していることがわかった．この実態を把握するため，過去の実績を再調査し，必要な箇所だけデータを抜き出して，それがどれくらいあるのか見える化した（図 2.13）．

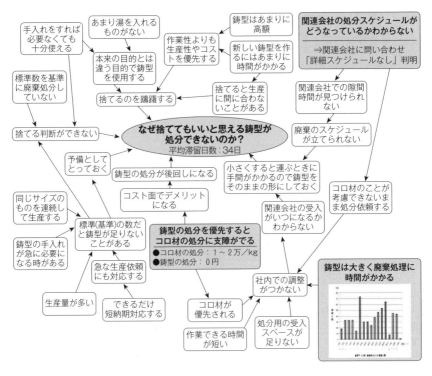

図 2.14 「捨ててもいいと思える鋳型が処分できない」の連関図

Step 3　問題の原因を連関図で明確に

　スペース不足を引き起こしている原因は，廃棄処分が決定された鋳型がそのまま工場に滞留していることである．なぜ処分されずに滞留しているのかを，連関図を用いて原因を明らかにした．さらに，主要因とされたものについては，数値データをとり，言語データの信頼性を高めることにした．実際に作成した連関図を図 2.14 に示す．

　連関図よりコロ材の影響を受けて鋳型の廃棄処分が遅れ，作業スペースに滞留することが判明した．対策では，コロ材の影響を受けずに廃棄処分する方法を検討した．

活用術　その三

　テーマ選定で問題を提起するのは，今まで採取してきた既存のデータを明示すればよいが，問題がどこにあるのかを探るためには，新たにデータを採取したり，再調査しなければならない．しかし，実際にはどんなデータをとればよいのか，その点がわからず活動が頓挫してしまうことがある．今回は，混沌とした問題を整理し，解決の糸口として親和図を活用したことがポイントである．

〈兒玉美恵〉

猪原教授のＮ７の真髄①　親和図法

　自社や自組織の5年後のあるべき姿は何か，年度会社方針を達成するために自部門のあるべき姿は何か，情報化の進展する中で，顧客要望に応えたサービス体制のあるべき姿は何か，QCサークル活動におけるAゾーンを達成するためにどのようなありたい姿を設定すればよいか，などのように"あるべき姿"や"ありたい姿"を明らかにしたいことがある．

　このような場合，関係者から，事実データ，意見データ，発想データ，推測データ，予測データなど各種の言語データを収集し，それら言語データの親和性(なんとなく似ているという度合)に基づいて，親和カードを作成するプロセスを通じて，オリジナルな言語データでは見えていなかった"あるべき姿"や"ありたい姿"を構築する方法として親和図法がある．

　この親和図法をうまく使うための真髄は，「酷似している言語データを事前に整理する」，「2～3枚の言語データや親和カードから新しい親和カードを作成する」というルールを徹底することである．多くの言語データから親和カードを作成している事例に接することがあるが，それでは新しい発想を得たというのではなく，単なる整理に終わったというべき悲しい状態である．親和図法を実践していくと，

　① オリジナルの言語データがもつ土の香りを残した親和カードを作成する，すなわち，発想の飛躍をしないこと
　② 作成した親和カードの中身(オリジナルな言語データや親和カード)を見ない，すなわち，スカートめくりをしないこと

という原則の厳しさに気づくことになる．これに対する解決策は経験しかない．

　会社や組織，QCサークルを取り巻く環境が激変している中で，"ありたい姿を設定する"ことは，"挑戦的な目標を設定する"ことであり，"魅力的な活動目標を設定する"ことにつながる．是非，親和図法によって，魅力的な"ありたい姿"や"あるべき姿"を設定してほしい．

第 3 章

連関図法の活用術

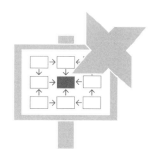

第3章　連関図法の活用術

3.1　連関図法の活用

(1)　連関図法とは

　連関図法とは，問題とする事象（結果）に対して，原因が複雑に絡み合っている場合に，その因果関係や原因相互の関係を矢線によって論理的に関係づけ，図に表すことによって，原因の探索や構造の明確化を可能にし，問題解決の糸口を見出す方法である（図 3.1）．

> **連関図法のルーツ**
>
> 　連関図法は，千住鎮雄教授による経済分析の一手法として考案された「管理指標間の連関分析」が原形になっている．これを QC 活動の実用の場で使えるように，要因を言語データでとらえ，その関連を図で表すことによって問題を解決に導く方法として「連関図法」が考案された．

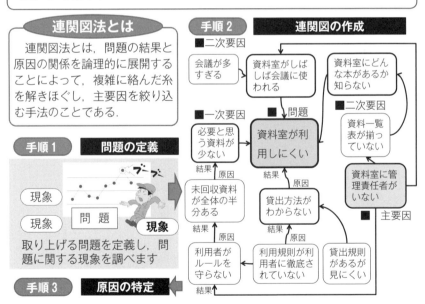

図 3.1　連関図法の概要

(2) 連関図の活用ポイント

連関図の活用ポイントは，次のとおりである（図 3.2）．

Point 1　連関図から読み取れる情報をまとめる

連関図は作成者が考えをまとめるための道具として活用するが，関係者のコンセンサスを得るためには，次の点に留意する．

① 言語データの出所や問題の程度を一目で掴めるように，その言語データ近くの余白に数値データやグラフを書き込んでおく．

② 絞り込まれた主要因の検証を実施し，その結果を添付する．

Point 2　見やすい連関図にする工夫をする

思考プロセスがわかるよう，見やすい連関図にするための工夫をする．

① 問題に大きく影響している原因の経路を，わかりやすく太線で表示する．

② 絞り込まれた主要因にハッチングし，色づけする．

③ 主要因の重要度を示すグラフやデータを貼りつける．

④ 連関図から読み取った内容を，箇条書きで余白に書き込む．

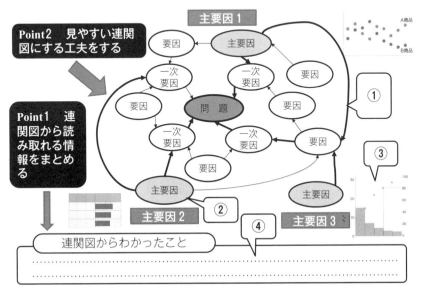

図 3.2　連関図の活用ポイント

事例 4　お客様満足度向上企業活動の探索

アンケート結果から求めた相関係数で要因間の重みづけを行った連関図の事例

`連関図` `相関係数`

　お客様満足度に影響を与える企業活動について，相関係数の強さから連関図の矢線を作成することによって，お互いの関係性がより明確になる．

Step 1　お客様満足度と企業活動の関係について連関図で仮説を設定

　当社の商品に対するお客様満足度について議論した結果，自分たちの改善活動がお客様にどのように評価されているのだろうか，という疑問が湧いてきた．

　そこで，**図 3.3** に示すように，目的を「お客様満足度」とし，この目的に影響を与える企業活動を要因とした連関図を作成した．連関図の目的と要因の質問を SD 法で作成し，アンケートを実施した．

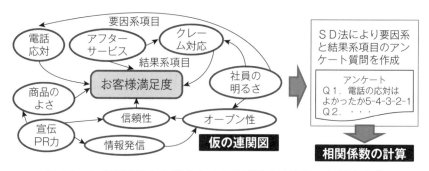

図 3.3　お客様満足度を構成する企業活動を連関図で仮説を設定

『お客様満足度』についてのアンケート

　今回のアンケートは，当社の対応が皆様に満足いくものであるかどうかを評価するため，ご意見をいただくものです．このアンケートは，集約分析した結果を評価するものであり，他の目的に活用するものではありません．ご協力よろしくお願いいたします．

　質問：各質問に対し，あなた自身の率直な気持ちをお聞かせください．回答は5択です．

　下記の質問項目それぞれについて，それぞれ当てはまるところに○印を記入してください．

	非常に思う	思う	どちらでもない	思わない	まったく思わない
Q1．当社の電話応対は適切でしたか．	5	4	3	2	1
Q2．当社は信頼できますか．	5	4	3	2	1
Q3．クレーム時の対応は適切でしたか．	5	4	3	2	1
Q4．隠しごとがない会社でしょうか．	5	4	3	2	1
Q5．アフターサービスは充実していますか．	5	4	3	2	1
Q6．当社の社員は明るく対応していますか．	5	4	3	2	1
Q7．当社の商品はよいものでしょうか．	5	4	3	2	1
Q8．必要な情報が当社から発信されていますか．	5	4	3	2	1
Q9．当社の宣伝PRはよく伝わっていますか．	5	4	3	2	1
Q10．総合的に当社の対応に満足していますか．	5	4	3	2	1

　お忙しい中，ご協力ありがとうございました．

図3.4　アンケート用紙

連関図の要因系指標から9つの要因系の質問を考え，最後に結果系指標の質問として，お客様満足度を考えた．作成したアンケート用紙を図3.4に示す．

Step 2　相関係数の計算

相関係数は，2つの変数の相関関係の強弱の程度を数値で表したものである．いくつかの変数の間の相関係数を求めたものが図3.5に示す相関行列である．相関係数の値が±1に近いほど相関が強いといえる．

Step 3　相関係数を元に連関図の矢線を再作成

Step 2の相関係数を元に連関図に矢線を再作成したのが，図3.6の連関図である．ここでは，相関係数が0.200以上の項目間に矢線を記入し，特に相関係数が0.500以上の項目間に太い矢線を引いた．

以上の結果，作成された連関図から，「お客様満足度」に影響が強い

相関係数 r	お客様満足度	電話応対	信頼性	クレーム対応	オープン性	アフターサービス	社員の明るさ	商品のよさ	情報発信	宣伝PR力
お客様満足度	1									
電話応対	0.62	1								
信頼性	0.33	0.12	1							
クレーム対応	0.17	0.08	0.27	1						
オープン性	0.02	−0.38	0.02	−0.35	1					
アフターサービス	0.30	0.30	0.05	−0.11	−0.30	1				
社員の明るさ	0.76	0.65	0.20	0.28	−0.18	0.28	1			
商品の良さ	0.28	−0.14	−0.13	−0.25	0.24	0.13	0.17	1		
情報発信	0.16	0.17	0.11	0.16	−0.25	0.47	0.19	0.21	1	
宣伝PR力	0.42	0.46	0.05	0.09	0.01	0.16	0.57	0.03	0.23	1

図3.5　質問間の相関係数（相関行列）

事例4　お客様満足度向上企業活動の探索

企業活動として,「電話応対」と「社員の明るさ」が重要なポイントになることがわかった.また,「信頼性」「アフターサービス」「宣伝PR力」「商品のよさ」も影響することがわかった.

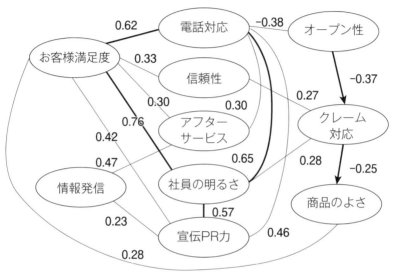

図3.6　相関係数を元に矢線を再作成した連関図

活用術　その四

　連関図で仮説を立て,結果と要因の質問を作成し,アンケートを実施する.その結果から求めた相関係数で矢線を書くことで問題の構造を明らかにすることができる.

　要因間の関係性を正確に表すには,偏相関係数を計算する必要があるが,簡易的に相関係数で構造を検証することができる.

〈今里健一郎〉

事例5　売上低下原因の追究

実態データを参考にしながら要因の客観的評価を行った連関図の事例

　　　　　　　　　　　　　　　　　　　　　連関図　グラフ

　私たちは，データをグラフにし，そこから知見や情報を得て，必要な判断などを行う．しかし，最初から的確なデータを一式そろえることは難しい．そこで，連関図とグラフを組み合わせることにより，入手できているデータを出発点として，必要に応じて新たなデータを調べるなど発展させ，合理的に問題の要因を追究することができる．

　「問題となること」と入手できている「状況を示す代表的グラフ」を，連関図の中央に置く．例えば，「売上げが低下している」というコメントと「売上推移グラフ」である．そして，関係者が集まり，そういう状況になる原因と考えられるコメントをその周りに配置していく．そのとき，それぞれにコメントを裏付けるグラフがあれば，その中に入れていく．感覚だけで連関図を作成するのではなく，要所要所にデータを入れることにより，合理的な要因追究が可能となる．

　基本ステップは次の5つである．図3.7は，「営業所における売上低下」について，要因を検討した事例である．

Step 1　中央に問題を記載

　連関図の中央に問題(例「売上が低下」)を書き，その中に状況を示すグラフをいくつか挙げる．

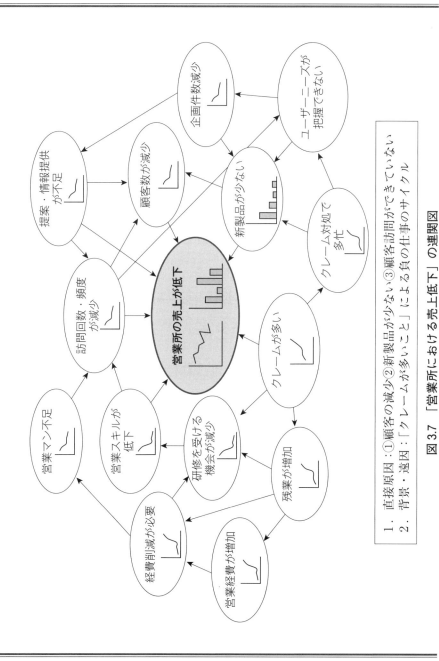

図3.7 「営業所における売上低下」の連関図

Step 2　周辺に要因を配置

　中央の問題について，その要因と考えられることを周辺に配置する．配置する要因は，まず思いつく事柄で，数は，3～6個を目安に考えるとよい．

Step 3　要因の中にグラフを追加

　個々の要因の輪の中に，関係する新たなグラフやデータを追加する．

Step 4　繰り返しながら，矢印で結ぶ

　周辺に配置した要因について，さらにその要因を追加する．これをくりかえしながら，その中で要因間の関係を示す矢印を入れていく．

Step 5　得られた情報のまとめ

　連関図が完成したら，全体を眺め，得られた情報を箇条書きにまとめる．

　本事例の場合，直接的には新製品が少ないことや，顧客訪問ができておらず，顧客数が減少してきたことが原因として考えられた．しかし，その背景には品質クレームが多く，忙しいという問題があることがわかった．"負の仕事サイクル"である．

　そこで，負の仕事のサイクルではなく，正の仕事のサイクルにするために，営業所から声を上げ，全社で品質を安定させる活動に取り組むことにした．

活用術　その五

　すべての要因枠の中に，正確なデータを入れなければならないと考える必要はない．データが手元にあればいいが，データ探しで連関図作成が進まないということにならないようにすることがポイントである．"大体こんな状況"というのは，関係者であれば，イメージとしてグラフが書けるはずである．言語データだけの連関図ではなく，可能な範囲で定量化し，進める中でそれを充実していく，という気持ちが大切である．

〈北廣和雄〉

事例 6　慢性不良の低減

グラフ・マトリックス図と組み合わせて慢性不良の原因を明らかにした連関図の事例

連関図　マトリックス図

　慢性不良と呼ばれ，現場では手に負えないと考えられていた不良について，個別に散在し共通の知識になっていなかった経験知や，設備の癖といった固有の情報を1つにまとめ，整理して原因を調べるのに連関図を使い，対策を打つに当たっては，マトリックス図を用いた．本事例では，粘着テープのロールを切断する工程で発生していた，「幅不良」と呼ばれた慢性不良を改善した．

　粘着テープは，図 3.8 に示すように，
　① 　細長いロール状に粘着テープを巻き取る(ログロールと呼ぶ)．
　② 　切断機を使って，ログロールを50mmや24mmといった所定の幅に切断する．
　③ 　切断したテープを梱包する．
という手順で製品化している．ある工場では②の切断工程で，「冬期」になると幅不良が増加するという慢性不良に頭を悩ませていた．

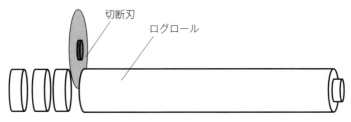

図 3.8　ログロールの切断工程模式図

Step 1　現象の観察による事実の確認

切断機でログロールを切断する工程を現場でよく観察すると，刃が入る瞬間，刃先が切断位置より内側に曲がって侵入するときがあることが確認できた．そこでまず，今までこの慢性不良に悩まされてきたOBや，関わったことのある担当者すべてを一同に集め，皆の意見を取りまとめながら連関図を作成することにした．

Step 2　経験知や固有情報の集約し連関図を作成

まず，なぜ切断刃の刃先が切断したい位置より内側に曲がって侵入するのかについて，一次要因を求めた．結果，「切断刃が柔らかい」「切断刃の回転軸がずれている」「(ログ)ロールの硬度が硬い」「刃の侵入速度が速い」の4つを抽出した．次に，それぞれの一次要因について，さらになぜなぜを繰り返して，連関図を完成させた(図3.9)．

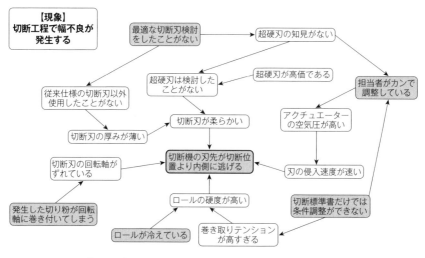

図3.9　「切断機の刃先が切断位置より内側に逃げる」の連関図

Step 3　連関図を携えて，現場・現物・現実の再確認

　連関図を元に，現場で改めて現場を確認した．作業担当者にヒアリングを行ったところ，何度も行われた組織変更や世代交代の影響で，最適な切断刃選定の検討をしたことがないことや，切断条件についてどのように決められたのかなど，設備・生産条件を検討した経緯や技術知見が，彼らにまったく伝わっていないことが判明した．また，現在現場で使用している切断作業標準書は，数年間一度も改訂されていないこと，内容も設備の設定条件が記載されているだけに留まり，ベテランの知見に頼っていた細かい調整作業について，指示や訓練もされていない実態も見えた．

Step 4　連関図から導かれる仮説の検証

　連関図に上がってきた仮説について十分な知見がない場合には，検証実験も必要である．ログロールが冷えていると本当に切断幅にばらつきが生じるのか，温度それぞれ25℃と10℃に調整したログロールを用いて，切断の検証実験を行った．

　すると，確かに10℃のロールでは，25℃のロールと比較して，幅規格に対するばらつきが，急激に大きくなっていることが確認できた（図

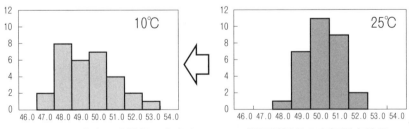

図3.10　温度を2水準振ったときの50mm幅切断製品の実幅測定結果

3.10).

また，連関図の仮説どおり，切断機の周りには紙芯やセロテープの切れ端，切り粉などが散乱しており，このままでは切断刃を固定している回転軸に切り粉が巻き付いても仕方がないと思える状態であった．

Step 5　マトリックス図による重みづけと対策決定

これらの情報やデータを踏まえ，主要因に対する対策案を立てるため，マトリックス図を使って今後の進め方を検討することにした．

皆で検討する中で，図 3.11 のような対策が挙げられた．効果については「切断刃を基本から設計／検討する」「生産ラインと直結し，ロール倉庫での在庫を廃止する」「温調倉庫を活用し，在庫中のロール温度を管理する」が適すると考えられる．実現性については既存の技術・生

	背景	対策案	効果	実現性	コスト	評価点	判定
最適な切断刃検討をしたことがない	組織変更と世代交代で経験者がいなくなった	切断刃を基本から設計／検討する	◎	○	△	6	採用
切断標準書だけでは条件調整ができない	・ノウハウが属人的 ・ベテランがいない	詳細条件まで文書化した切断作業標準書に作り直す	○	△	○	5	
		ベテランを呼び戻し，OJTにて担当書再教育を実施する	○	△	○	5	
ロールが冷えている	ロール倉庫が屋外に近く，冬は寒い	生産ラインと直結し，ロール倉庫での在庫を廃止する	◎	△	×	4	
		温調倉庫を活用し，在庫中のロール温度を管理する	◎	◎	◎	9	採用
発生した切り粉が回転軸に巻き付いてしまう	5Sができていない	日々管理できる5Sシステムを構築する	△	○	○	5	

※評価点の算出方法：　◎3点，○2点，△1点，×0点として算出

図 3.11　幅不良削減のための対策展開マトリックス図

産環境を照らし合わせて考え,コストについてはさらに一考を要した.

技術検討を実施する場合には,その課題の難易度やかけられる工数によって,コストが大きく変わってくる.この現場の場合は「切断刃を基本から設計／検討する」を対策に選んだ場合,組織変更や世代交代で知見者がいないため,かなり多くの技術検討工数が予測されるので,評価は「△」となった.

このように,十分連関図で背景や情報を見える化したうえで評価すると,マトリクス図を用いた重みづけの精度を上げることが期待できる.背景や事情を含めた評価は,あらかじめ作成した連関図の考察から見えてきた情報があってこそ,初めて発想できるからである.また効率改善テーマだけではなく,安全設備導入など,なかなか効果が直結して見えにくい投資案件などの場合にも,連関図とマトリクス図を関連づけることで,想定される要因に対しての根拠を明確に示すことが可能となる.

Step 6　選定した対策の実施とその効果の確認

効果がもっとも高いと考えて,今回は「温調倉庫を活用し,在庫中のロール温度を管理する」を実施した.蒸気配管から熱風を引き込み,パーティションで仕切っただけの簡易な保温庫ではあったが,保温条件を入念に検討して標準化した.併せて切断刃についても,厚みや硬度,先端部の角度の最適化を行った結果,その年の冬からは,幅不良によるクレームは激減した.

事例6　慢性不良の低減

活用術　その六

　担当者個人の経験や開発当初の思想など，点で存在している多様かつ貴重な情報を，三現主義に基づいてまず実際に現場で観察し，事前に頭で考えて作成した連関図の情報と照らし合わせることで，新たな仮説を導き出すことも可能になる．また仮説の立証実験結果は，ヒストグラムで視覚化すれば，よりわかりやすくなる．

〈飯塚裕保〉

事例7　商品故障時の対応サービスの向上

相関と回帰分析から時間のかかる要因を見つけるにあたり要因の仮説を整理した連関図の事例

連関図　散布図　系統図

　お客様から持ち込まれた修理品は，一旦お預かりして修理を行い，後日お返ししていた．そんなある日，年配の老夫婦が壊れたビデオカメラを持って，「明日，孫の運動会があるので今日中にどうしても修理をお願いして欲しい」と修理にお見えになった．

　しかし，お客様から一旦お預かりした商品は2～3日かけて修理し，再度ご来店いただかなければならず，フロント（受付）では「今日，修理してお返しすることができない」ことをお詫びし，代わりにビデオカメラをお貸しすることで対応していた．

　使い慣れていないビデオカメラを手に「お借りしたものを使うのは気を遣うね」と言いながら，残念そうに帰っていくお客様の姿をフロント係は見送った．

　お客様の要望に応えられなかったフロント係は，なぜお客様のご要望に応えられないのか？と素朴な疑問を抱き，QCサークル活動で改善できないものかと，提案をした．するとメンバーからは，「1日でも早く修理しようと毎日残業して頑張っているけど，当日の修理は追いつかない」「調達しなければいけない修理部品もあるから時間がかかる」「難しい修理はベテランしかできないので限界がある」など，現状では無理と言わんばかりの発言が多く，自分達のやっていることを正当化するものであった．

　それでもあきらめ切れないフロント係は，お客様の要望に応えられず，落胆した後ろ姿を見送ったときの申し訳なさと，悔しい気持ちをメンバーに話し，上位方針「CS　No.1お客様目線のサービス」を掲げながら，カウンターの中からお客様の満足する修理サービスを考えるのではなく，

カウンターの外にいるお客様の目線で自分たちの修理サービスを考える必要性を訴え，メンバーの賛同を得て取り組むことになった．

Step 1　連関図の作成

早速，「持ち込み修理品の即日処理率の向上」をテーマに掲げ，「即日処理」を達成するため，連関図法で「なぜ修理に時間がかかるのか」要因を洗い出し，主要因の絞り込みを行った（**図 3.12**）．

連関図で解析の結果，修理時間に影響を与えている主要因として，以下の3項目に絞り込み，検証を行った．

【主要因】　① 　サービススタッフの技術力にばらつきがある
　　　　　② 　忙しくて新人の指導時間がない
　　　　　③ 　必要な修理部品がすぐに手に入らない

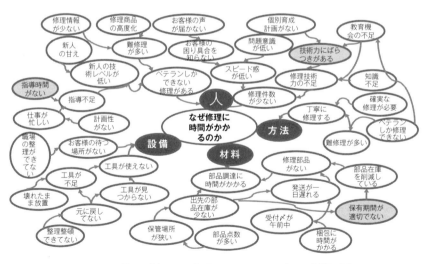

図 3.12　「なぜ修理に時間がかかるのか」の連関図法

第3章 連関図法の活用術

Step 2 主要因の検証

そこで，主要因「サービススタッフの技術力のばらつき」と「修理に時間がかかる」に相関があるかを検証するため，代用特性として，経験年数と修理件数についてデータを取り，散布図で相関関係を検証した．

① サービススタッフの技術力のばらつきについて検証

サービス支店のサービススタッフ22名を対象に10月度の修理件数から1日当たりの平均修理件数を割り出し，散布図を作成すると，**表3.1**の結果となった．

表3.1 経験年数と修理件数

（○○年10月1〜30日） $N=22$ 　（　）内：難修理件数

No.	経験年数	平均処理件数	No.	経験年数	平均処理件数
1	2年	2件	12	5年	6件
2	3年	4件	13	8年	7件（2件）
3	10年	8件（3件）	14	13年	9件（5件）
4	6年	7件	15	1年	2件
5	12年	8件（5件）	16	8年	9件（1件）
6	15年	9件（6件）	17	9年	8件（3件）
7	7年	6件（2件）	18	4年	5件
8	3年	4件	19	12年	9件（4件）
9	5年	6件	20	10年	8件（3件）
10	11年	8件（3件）	21	7年	8件（1件）
11	1年	1件	22	16年	9件（6件）

表3.1を元に，経験年数と処理件数の散布図を作成したところ，相関係数 $r=0.892$ と強い正の相関があることがわかった（**図3.13**）．

また，寄与率も $r^2=0.7965$ となり，処理件数に79％寄与している．

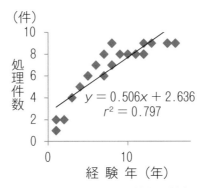

図 3.13　経験年数と修理件数の散布図

つまり，経験年数のあるベテランは，技術力が高く，修理時間がかからず処理件数が多いことがわかった．

図3.13から，経験年数の少ない新人は，時間がかかり処理件数の少ないことがわかり，ベテランと若手では，技術力に大きなばらつきがあることが検証できた．

また，難しい修理（難修理）44件／月のうち，経験年数10年以上のベテランが35件（80％）を処理していることがわかった．そして，寄与率から経験年数が処理件数に79％の影響を与える要因であることもわかった．

②　「指導時間不足」について検証

「指導時間がない」については，勤務年数と10月度の時間外勤務の実績から1日当たりの平均時間を把握し，検証すると，**表3.2**のようになった．

表 3.2　経験年数と残業時間（○○年10月 1 ～30日）　$N=22$

No.	経験年数	平均残業時間	No.	経験年数	平均残業時間
1	2 年	2.25	12	5 年	2.5
2	3 年	2.25	13	8 年	5.5
3	10年	4.5	14	13年	4
4	6 年	2.75	15	1 年	1.25
5	12年	3.75	16	8 年	3.5
6	15年	4	17	9 年	3.75
7	7 年	4	18	4 年	2.5
8	3 年	2.25	19	12年	4
9	5 年	2.75	20	10年	4
10	11年	3.75	21	7 年	3.75
11	1 年	0.75	22	16年	4

経験年数と残業時間は正の相関がある．

表 3.2 を元に，経験年数と時間外の散布図を作成したところ，相関係数 $r=0.857$ とかなり強い正の相関があることがわかった．

また，寄与率も $r^2=0.735$ となり，時間外に74％寄与していることがわかった（**図 3.14**）．

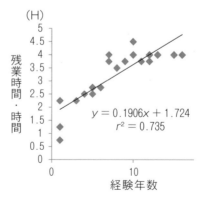

図 3.14　経験年数と残業時間の散布図

つまり，経験年数のない新人よりも，経験年数のあるベテランの残業時間が約2倍も多く忙しいことがわかり，若手の指導時間が少ないことが検証できた．

同様に，残業時間と処理件数の相関を見ると，経験年数6年目以上のベテランは，残業時間が増えると処理件数が増える正の相関があるのに対し，5年未満の若手は，残業しても処理件数が増えるとはいえず，相関がないことがわかった．

③ 修理部品の対応率について検証

当日発注した部品は翌日到着しており，対応率は100％であった．修理に必要な部品の中でもよく使用されるものは，適正な在庫数を保管しているが，高額な部品やあまり使用頻度の少ない部品は，在庫数が少なく，必要の都度，部品供給を行う部品センターに発注し，手配する．部品は，当日の午後4時までに発注すれば，部品センターからその日の内に出荷され，サービスセンターに，翌日には到着するしくみになっている．部品センターに在庫がない場合に限り，部品手配に日数がかかるが，ここ半年以内の実績データから翌日以降到着の部品履歴がないことがわかり，必要な部品は，すぐに手配できることがわかった．ただ，サービスセンターからの部品配送ミスや発注忘れが原因で翌日到着しないケースが，毎月1～2件発生していることがあり，修理が遅れてお客様にご迷惑をおかけしていることもわかった．

Step 3　系統図による対策の立案

検証結果を元に，持ち込み修理サービスの即日対応を実現するため，以下の4つの手段を切り口に系統図を展開し，修理対応のスピードアップにつながる具体策を絞り込み実施することにした．

① 新人の修理技術レベルを上げ,早く戦力化する
② 修理に必要な工具がすぐに使えるよう修理環境を整える
③ 修理に必要な部品手配のミスをなくす
④ お客様に喜ばれる修理サービスでサービスの付加価値を高める

対策を実施した結果,持ち込み修理のお客様に対し,即日処理率約50％の達成ができた.特に,お急ぎのお客様に対しての即日処理は100％実施することができ,お客様の要望に応えることができた(**図 3.15**).

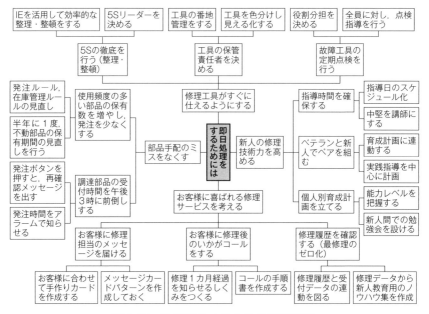

図 3.15　日処理をするための系統図法

事例7　商品故障時の対応サービスの向上

活用術　その七

① 連関図は，要因系の4M（人：Man，機械・設備：Machine，方法：Method，材料・部品：Material）を切り口に，なぜなぜと要因を論理的に追求することによって，つながりのある要因の洗い出しが可能となる．

② 連関図で絞り込んだ主要因が特性に影響を与えているのか，必ず事実で検証を行うことが真因に手を打ち，的を射た対策に結びつけるためにも重要である．

③ 対策案を展開する系統図法は，一次要因ごとに四方へ目的➡手段と展開することによって，対策案の全体を見渡すことができ，効果のある対策案を絞り込むことができる．

〈高木美作恵〉

第3章　連関図法の活用術

猪原教授のＮ７の真髄②　連関図法

　直面している問題を解決するためには，その問題に対する真の発生要因を明らかにしなければならない．しかし，そうした真の発生要因は氷山の深海部に存在していたり，要因と要因が複雑に関連し合っていたりするため，明らかにすることは容易でない．そこで，問題に対する結果と要因および要因相互の論理的な関係を見える化した「なぜなぜ問答」によって，問題←一次要因←二次要因←・・・と展開することが大切になる．

　連関図法では，この結果と要因および要因相互の関係を矢線で結ぶことによって，それらの論理的な関係・メカニズムに基づく関係に注目しながら要因追究を行うことを支援している．特に，問題の発生している場所，機械・設備，材料・部品，人などでは存在するが，問題の発生していない場所，機械・設備，材料・部品，人には存在しない要因なのかどうかを事実によって確認しながら「なぜなぜ問答」を展開することを支援している．

　この連関図を有効活用するための真髄は，

① 　１つの上位要因に対して２つ以上の下位要因を発想する

② 　要因は自責で展開する

ということである．これらの真髄を遵守することができれば，連関図を作成してから主要因を探すというのではなく，連関図の作成プロセスにおいて主要因が浮き彫りになるということを体感できると思う．そして，それによってこそ，参加者全員に，「これが問題なのだ！」という信念が芽生えるものである．

　なお，問題を目的，要因を手段と読み替えることで，手段展開のために連関図を活用することもできる．

第4章

系統図法の活用術

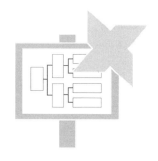

4.1 系統図法の活用

(1) 系統図法とは

系統図法は，ある達成したい目的を果たすための手段を複数考え，さらにその手段を目的として捉え直して，その目的を達成するための手段を考える．このように，系統図法は，目的を達成するための手段を多段的に展開し，具体的に実行可能な手段まで追求できる手法である(図4.1)．

> **系統図法のルーツ**
>
> 1947年，米国 GE 社の L．D．マイケル氏が VE 手法を生み出し，米国国防省がさらにこれを発展させ，VE と命名した．国内では，1974年にそのアプローチのしかたとその中の機能分析に用いる機能系統図に関心がもたれ，これが新 QC 七つ道具の一つとして系統図法が生まれるきっかけとなった．

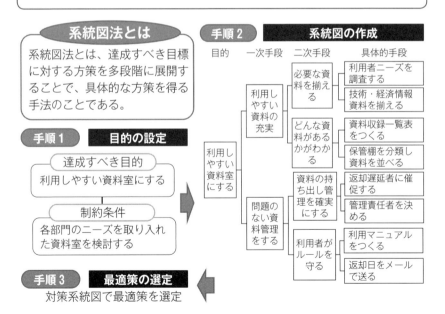

図 4.1　系統図法の概要

(2) 系統図の活用ポイント

系統図を活用していて，次のような展開の形が認められたら，再度の検討を行う（図4.2）．

Point 1　高次手段でまとめている場合

高次手段でまとめている場合には，まとめた手段「D」を手段「B」「C」の前にもっていく．

Point 2　1目的－1手段展開の場合

1目的－1手段の展開の場合には，1目的－2手段になるよう，新しい手段「G」を考え出す．

Point 3　展開の段階が飛んでいる場合

展開の段階が飛んでいる場合には，手段「A」と手段「E」の間に，手段「F」を追加する．そして，先ほどの1目的－1手段になっている手段「F」手段「E」のところで新たな手段「G」を考える．

最終的には，系統図は末広がりになっていれば完成である．

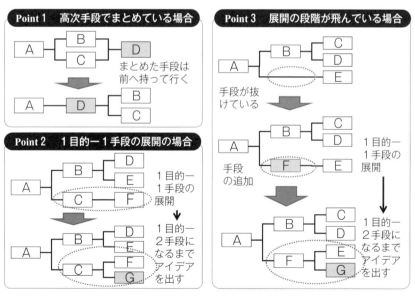

図4.2　系統図を展開するポイント[1)]

事例8　技術ノウハウの蓄積

仮説と事実の検証により技術ノウハウの蓄積を行った系統図の事例

系統図

　系統図法は問題の原因追求でも「なぜなぜ分析」などの形でよく用いられている．ただ，通常の系統図法では，問題解決アプローチの重要な部分である「展開された要因が事実か仮説（推定）か」「仮説要因をどのような方法で検証して，その結果がどうだったか」の2点が記述されていないケースが多く，第三者が見たときに活動の流れがわかりにくい．

　そこで，仮説要因型の系統図法である「仮説要因系統図」を用いて，一連の問題解決の流れを整理する方法を紹介する．

　仮説要因系統図の大きな特徴は，「問題が発生する仮説要因」「仮説の検証方法」「わかった事実」の3つを別々のボックスを用いて区別して記述することで，一連の問題解決の流れを第三者が見たときにわかりやすく表現することである．

　「自宅のリビングの電気が突然落ちた」という仮想事例についての仮説要因系統図を図4.3に示す．この事例の場合，以下のようなステップで活動を整理している．

Step 1　仮説要因の立案

　リビングの停電について考えられる仮説要因（この場合は，自宅への外部からの電力供給停止，自宅全体での電力使いすぎ，リビングでの電力使いすぎ，自宅内の漏電の4つ）を立案する．

Step 2　検証方法の立案

　停電についての各仮説要因を検証する方法を立案する．例えば，「自宅内のどこかで停電している」という仮説要因の場合，「漏電遮断機が

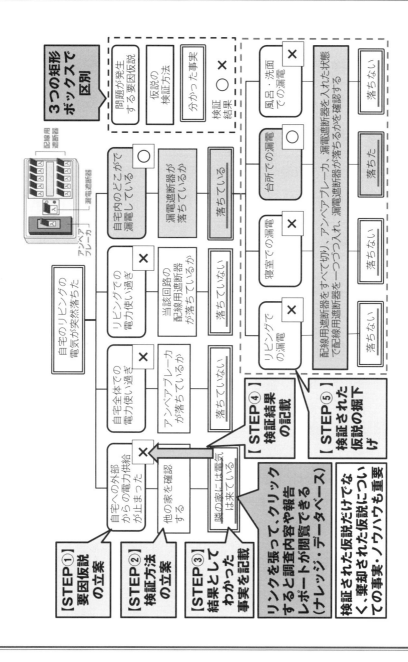

図 4.3 仮説要因系統図を用いた技術ノウハウ蓄積の進め方

落ちているか確認する」ことで検証ができる．

Step 3　検証の結果としてわかった事実の記載

仮説要因を検証した結果として，わかった事実を記載する．

Step 4　検証結果の記載

わかった事実から仮説が立証されたのか，棄却されたのかを記載する．立証された仮説に「○」，棄却された仮説に「×」の記号を仮説要因の横に付記する．

この事例の場合，「自宅内の漏電」との仮説要因が事実であるという結論に至ったことがわかる．またさらに，「自宅内の漏電」について同じ表現方法で4つの仮説要因を展開し，最終的には「台所での漏電」が事実であることを確認している．

Step 5：検証された仮説の掘下げ

Step 1～4で立案・立証された仮説(判明した事実)について，再びStep 1～4を実施する．この掘下げは，対策が可能な真因にたどり着くまで繰り返し実施する．

通常のなぜなぜ分析の場合，立証された仮説要因のみが残されるが，仮説要因系統図では棄却された仮説要因も，棄却に至った事実を記したうえで系統図に残される．このことが技術ノウハウの蓄積につながる．

また応用例として，サーバーにこの仮説要因系統図を置き，それぞれのわかった事実と調査内容・報告レポートなどをリンクさせてナレッジ・データベースとして活用することもできる．

この手法は，要因が複雑に絡む問題をどのような道筋で解決したのか，

あるいは現在どこまで解決しているのか，残った課題は何なのかをメンバー全員で共有するのに有効であり，特に新製品開発や不良メカニズムの解明などにおいて有効である．

活用術　その八

「問題が発生する仮説要因」や「わかった事実」については，できるだけ具体的で誤解のない表現で記述することが活用のポイントである．活動をしているときにはあいまいな表現でも口頭説明で補足ができるが，数年後に後任者が見たときに誤解を生じる可能性がある．技術ノウハウの蓄積においては，まったく活動内容を知らない第三者でもわかる表現で記述することが大切である．

〈玉木　太〉

事例9　キズ不良の低減

特性要因図で取り上げる原因の検証計画を明確にし有効な対策を系統図で立案した事例

系統図　**特性要因図**

　工程トラブルや品質クレームなどの原因追及のために，特性要因図が用いられる．関係者が集まり，考えられる要因を挙げ，特性要因図にまとめ，その中の怪しいと思われる要因をいくつかに絞り込む．

　しかし，ここで絞り込んだ要因はまだ仮説であり，真の原因であるとわかったわけではない．本当に原因かどうかを，"実際に現場に行く，現物を見る，再現実験を行う"などにより，検証する必要がある．

　しかし，思いつくまま現場に行っても，うまく検証できるとは限らない．そこで，この特性要因図と系統図の組合せが役立つ．系統図は，特性要因図で絞り込んだ要因に対する"検証計画"である．何を調べれば真の原因といえるのか，関係者の知恵を集め，系統図としてまとめる．

　このように，「特性要因図」と「検証系統図」を一連の手法として活用すると，効果的かつ効率的に真の原因を明らかにすることができる．そして，検証系統図の結果を見れば，おのずから対策の方向性も見えてくる．

　基本的手順は次のとおりであり，**図4.4**は製品の品質問題「こすれキズが多い」について検討した事例である．

Step 1　特性要因図の作成による要因の絞り込み

　製品の「こすれキズが多い」という問題について，関係者が集まり特性要因図を作成し，話し合い，要因をいくつかに絞り込む．

Step 2　絞り込んだ要因の検証方法を系統図に表示

　絞り込んだ要因について，検証方法を具体的に検討し，系統図の形に

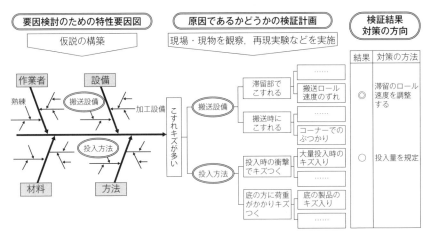

図 4.4 「品質不良：こすれキズが多い」の要因と対策の方向検討

表す．系統図の右欄には，検証結果の記載欄と，対策の方向を記入する欄を設けておく．

Step 3　検証を実施し，対策の方向を提示

5ゲン主義で検証を行い，その結果をまとめる．そして，その中の真因と考えられる要因について，対策の方向を話し合い記載する．

活用術　その九

特性要因図を作成し，要因を絞り，すぐ対策を実施"というやり方になってしまいがちであるが，これは正しくない．真因であるかどうかの検証が必要である．ここで示した方法を用いることで，誰でもが"特性要因図から検証という行動"を自然にとることができるようになる．特性要因図と系統図を別々に作るということではなく，一対の図としてイメージをもっておくことがポイントである．　〈北廣和雄〉

> 事例10　最適製造条件の確立

特性要因図から実験する要因の抽出を系統図で行った事例

〔系統図〕〔特性要因図〕〔マトリックス図〕〔実験計画法〕

　実験計画法において，実験する要因の抽出は，一般的に特性要因図を用いて行う．しかし，1つの特性値に関しての実験計画では容易に抽出できるが，2つ以上の特性値を1つの実験で行って解析を行う場合，それぞれの特性値で特性要因図を作成し，これを並べてそこからの要因抽出することは不可能ではないが，これを系統図とマトリックス図を用いてそれぞれの実験水準も考慮して要因の抽出する方法を提案する．

　実施の手順は次のとおりである．

Step 1　特性要因図を作成し要因を抽出

　それぞれの特性値に対する特性要因図を作成する（図 4.5）．

Step 2　特性要因図の中骨より詳細部分を系統図に展開

　それぞれの特性要因図の主要因の部分を含む中骨から系統図に展開する．

　このとき，関連する特性値の特性要因図にも着眼して，同じ枝があればその要因が主要因でなくても抜き出して加える．

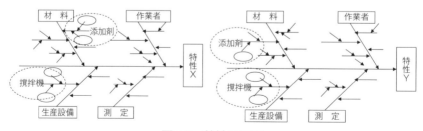

図 4.5　特性要因図

Step 3　実験計画の実験する要因の候補を抽出

　Step 2で2つまたは2つ以上の特性値の特性要因図から主要因が含まれる部分を抜き出して，系統図を完成させる(図 4.6)．

　特性X，特性Yそれぞれの特性要因図の主要因の部分を含む中骨から系統図に展開し，要因の再検討と必要に応じて追記を行い，さらなる絞込みを行う．

Step 4　マトリックス図で重みづけをして実験要因を決定

　系統図のもっとも分解された要因でマトリックス図を作成し，実験費用，予想効果を評価して，副作用，安全性も関連する場合は重みづけに加える．

　特性ごとにマトリックス図を作成し，実験費用，予想効果などで重みづけをして，実験要因の抽出を行う．副作用がわかっている要因は，要因としないために重みづけを「×」として取り入れないようにする．

　そして，特性X，Yと統合した形にして，実験要因と水準を決定する(図 4.7)．

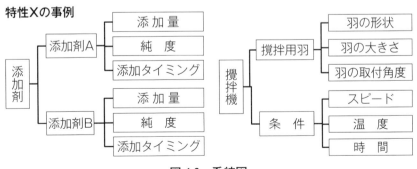

図 4.6　系統図

第4章 系統図法の活用術

特性X

	実験要因	重みづけ項目			特性Aの評価点	特性Bの評価点	実験要因		
		費用	予測効果	副作用			要因	交互作用	水準
系統図より / 特性X	添加剤Aの添加量	△	◎		8	1	A		2水準
	添加剤Aの純度	×	△		0	0			
	添加剤Aの添加タイミング	―	―		0	0			
	添加剤Bの添加量	○	△		6	12	B		2水準
	添加剤Bの純度	×	△		0	0			
	添加剤Bの添加タイミング	―	―		0	0			
	攪拌用羽の形状	×	△		0	0			
	攪拌用羽の大きさ	×	△		0	0			
	攪拌用羽の角度	×	△		0	0			
	攪拌スピード	○	△	×	0	0			
	攪拌温度	△	○		6	8	C	C×D	2水準
	攪拌時間	△	○		4	4	D		2水準
	冷却温度	○	○		9	15	F	F×G	2水準
	冷却時間	△	○		6	6	G		2水準
	環境温度	×	△		0	0			
	環境湿度	―	―		0	0			

特性Y

	実験要因	重みづけ項目			評価点
		費用	予測効果	副作用	
系統図より / 特性X	添加剤Aの添加量	△	―		1
	添加剤Aの純度	×	―		0
	添加剤Aの添加タイミング	―	―		0
	添加剤Bの添加量	○	◎		12
	添加剤Bの純度	×	◎		0
	添加剤Bの添加タイミング	―	△		1
	攪拌用羽の形状	×	△		0
	攪拌用羽の大きさ	×	△		0
	攪拌用羽の角度	×	△		0
	攪拌スピード	○	△	×	0
	攪拌温度	△	◎		8
	攪拌時間	△	△		4
	冷却温度	○	◎		15
	冷却時間	△	○		6
	環境温度	×	○		0
	環境湿度	―	―		0

⇒ L_{16}直交配列表に割りつけて実験を行う

注：副作用があるもの，安全性に関するものなど採用すべきでない項目の重みづけは「×」と評価し，評価点は「0」（ゼロ）として積で求めるとよい．

図4.7 実験因子決定のためのマトリックス図

Step 5　実験結果の処理

それぞれの特性値に対して分散分析表を作成し，プーリングの検討を行う．このとき，それぞれの特性（2つ以上）で要因効果の有意であるものはすべて残し，交互作用，交互作用に含まれる要因も同じくプーリングは行わない．それぞれの最適予想水準の欄を並べて，実験要因と水準を決定する．

プーリングは，すべての特性値でプーリング可能な要因のみとする．

特性Yの$C×D$は，F値が2.214であるが，特性X，YともにDのF値が小さくできるだけ制御要因は少なくしたいので，要因D，$C×D$はプーリングする．

特性Yの要因AはF値が小さいが，特性Xでは有意であるのでプーリングはしない（**図 4.8**）．

特性Xの分散分析表

要因	S	ϕ	V	F_0	検定
A	324.0	1	324.00	42.792	**
B	81.0	1	81.00	10.698	*
C	100.0	1	100.00	13.208	**
D	4.0	1	4.00	0.528	←
F	9.0	1	9.00	1.189	
G	225.0	1	225.00	29.717	**
C×D	4.0	1	4.00	0.528	←
F×G	144.0	1	144.00	19.019	**
e	53.0	7	7.57		
T	944.0	15			

特性Yの分散分析表

要因	S	ϕ	V	F_0	検定
A	1.563	1	1.563	2.214	
B	27.563	1	27.563	39.049	**
C	10.563	1	10.563	14.965	**
D	0.063	1	0.063	0.089	←
F	0.563	1	0.563	0.798	
G	3.063	1	3.063	4.339	
C×D	1.563	1	1.563	2.214	←
F×G	5.063	1	5.063	7.173	**
e	4.941	7	0.706		
T	54.945	15			

図 4.8　分散分析表

Step 6　目標達成ができる要因の組合せを抽出

それぞれの特性値のすべての組合せの推定を行い，目標達成ができる組合せを抽出する．このとき，区間推定で少しでも達成レベルであれば含めるとよい（**図 4.9**）．

Step 7　マトリックス図で総合的な最適条件を検討

Step 6 で抽出した要因の組合せについて，特性値の達成度と要因の条件変更に伴う費用を合わせて，マトリックス図で総合的に評価・検討する（**図 4.10**）．

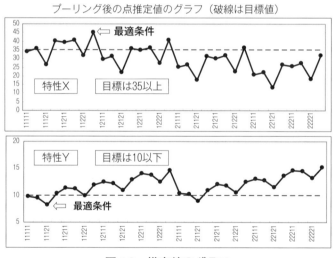

図 4.9　推定値のグラフ

費用					実験結果の最適水準					費用の評価点	特性X			特性Y			総合評価点
A	B	C	F	G	A	B	C	F	G		点推定値	評価点		点推定値	評価点		
2	3	2	3	2	1	1	1	1	1	13	34.25	△	2	9.81	○	3	78
2	3	2	3	2	1	1	1	1	2	15	35.75	○	3	9.56	○	3	135
2	3	2	3	2	1	1	1	2	1	16	26.75	×	0	8.31	◎	4	0
2	3	2	3	2	1	1	1	2	2	18	40.25	◎	4	10.31	△	2	144
2	3	2	3	2	1	1	2	1	2	21	40.75	◎	4	11.19	△	2	168
2	3	2	3	2	1	1	2	2	1	22	31.75	△	2	9.94	○	3	132
2	3	2	3	2	1	1	2	2	2	24	45.25	◎	4	11.94	×	0	0
2	3	2	3	2	3	1	1	2	2	20	31.25	△	62	10.94	△	2	80

図4.10 最適条件を求めるマトリックス図

Step 8　最適条件を決定

評価点の高い組合せで確認実験を行い，最適条件を決定する．

Step 7 の結果より，要因 A，B は水準 1 に固定して，要因 C, F, G の三元配置実験を，C, F は 3 水準，G は 2 水準で確認実験を行った．その結果，Step 7 の結果での総合評価のもっとも高い条件で 2 特性の目標がクリアできる条件が得られた（図 4.11）．

費用			実験結果の最適水準			費用の評価点	特性X			特性Y			総合評価点
C	F	G	C	F	G		点推定値	評価点		点推定値	評価点		
2	3	2	1	1	1	7	36.06	△	2	10.02	○	3	12
2	3	2	1	2	2	12	38.19	△	2	9.92	○	3	17
2	3	2	2	1	1	9	41.06	○	3	11.17	△	2	14
2	3	2	2	1	2	11	40.56	○	3	9.93	○	3	17

図4.11 三元配置実験結果

活用術　その十

　特性要因図から系統図へ展開し，マトリックス図で重みづけを行い，実験要因を決定することによって，2つの特性値，またはそれ以上の特性値に対する共通の実験要因をうまく抽出することができる．

　さらに，実験結果の推定値を，すべての組合せで行って，マトリックス図法を用いることにより，トレードオフの関係の特性値，2つ以上の特性値で共通要因の最適条件を，特性値の結果に加えて費用，操業性，安全性なども含めた総合的な見地から結論を導き出すことができる．

〈子安弘美〉

事例10　最適製造条件の確立

猪原教授のＮ７の真髄③　系統図法

　問題に対する主要因が明らかになれば，その要因の再発を防止するための手段を展開しなければならない．例えば，「新製品開発において品質トラブルが再発した」という問題に対する重要要因が明らかになれば，「新製品開発において品質トラブルを発生させないためには」というテーマに対する解決手段を展開しなければならない．そのような場合，連関図法で明らかになった重要要因，例えば，「市場不具合品に対する解析が不足している」という重要要因を反転した「市場不具合品に対する解析を十分に行う」ということを一次手段として，これに対する手段を一次手段←二次手段←三次手段←・・・と手段展開することで，魅力的な解決手段の発想につなげることが期待される．

　こうした手段展開であれば，「日ごろの問題解決に関する会合で実施しているよ」と思われるかもしれない．系統図法が指向しているのは，そうした会合における議論の内容を一次手段←二次手段←・・・と見える化するため，全員の前に模造紙やPCアウトプットとして開示することなのである．

　この系統図を効活用するための真髄は，
① 上位手段に対して，少なくとも２つ以上の下位手段を展開する．これによって脳を刺激し，新しい魅力的な発想につなげることができる．
② それぞれの手段に対する実現可能性を考えることなく，発想した手段を網羅的に開示することである．「どうせ実施できないさ！」と考える前に，手段を模造紙に展開する．

ということである．そして，この真髄を遵守することでこそ，参加者全員に，「これが絶対に実施すべき対策なのだ！」という信念が芽生える．

　なお，目的を問題，手段を要因と読み替えることで，主要因を樹形状に展開することもできる．

第5章
マトリックス図法の活用術

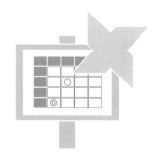

第5章　マトリックス図法の活用術

5.1 マトリックス図法の活用

(1) マトリックス図法とは

マトリックス図法とは，行に一つの要素をとり，列に他の要素をとって二元表を作成し，この行と列の交点にあたる言語情報を記号化して記入することによって，問題解決の着眼点が得られる手法である（**図 5.1**）．

マトリックス図には，行と列の基本となるＬ型マトリックス図から目的に合わせて，Ｔ型マトリックス図，Ｘ型マトリックス図などがある．

マトリックス図法のルーツ

1976年，あるメーカーの印刷クロス製造工程での汚れ不良の原因解明とその対策について報告した．この中で，汚れ不良の現象と原因の関係を表した二元表と，汚れの原因と工程の関係を表した二元表がマトリックス図法の原形になっている．

マトリックス図法とは

マトリックス図法とは、事象と事象の関係する交点の情報を記号化することで、必要な情報を得る手法のことである。

手順1　目的の設定と情報の収集

目的：改善活動のねらいに合った手法の活用

事例1
ねらい：
活用手法：

事例2
ねらい：製品不良の低減
活用手法：パレート図
特性要因図

手順2　マトリックス図の作成

活用手法＼ねらい	QC七つ道具							新QC七つ道具						
	パレート図	特性要因図	ヒストグラム	チェックシート	散布図	グラフ	管理図	親和図法	連関図法	系統図法	マトリックス図法	アロー・ダイヤグラム法	PDPC法	マトリックス・データ解析法
新商品開発				◎		◎		◎	◎	◎			◎	◎
提案型営業展開	◎	◎		◎		◎		◎	◎	◎				
顧客サービス向上				◎		◎		◎	◎	◎				
製品不良低減	◎	◎	◎	◎			◎							
事務不具合減少	◎	◎		◎			◎							
技術レベル向上	◎	◎	◎	◎	◎									
業務の時間短縮		◎									◎	◎	◎	
在庫の低減	◎													
作業災害の撲滅				◎										
トラブル未然防止				◎										

手順3　情報の読み取り

図 5.1　マトリックス図法の概要

(2) マトリックス図の活用ポイント

マトリックス図を活用するポイントは，次のとおりである(**図 5.2**)．

Point 1　目的に合った型のマトリックス図を選択する

マトリックス図には，原因－対策といった2層の組合せを行と列に直交させたL型や，L型2つの組合せ，3層の組合せ(例：現象－原因，原因－対策)からなるT型，4層の組合せ(例：現象－原因，原因－対策－方針)であるX型マトリックス図などがあるので，目的に合わせて活用するとよい．

Point 2　時間の経過に伴い成長させる

最初に作成したマトリックス図で議論を重ねていくうちに，新たな発見があったり，必要な項目が判明したりすることがある．そのときは，行と列の項目を増やし，マトリックス図を成長させる．それにより，さらに多くの情報を得ることができる．

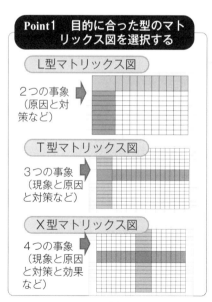

図 5.2　マトリックス図の活用ポイント

事例11　点検不備による事故未然防止

工程FMEAで洗い出されたリスクの重要度を評価するのに活用したリスクマトリックスの事例

　　　　　　　　　　　　　　工程FMEA　マトリックス図　PDPC

　現場技術者が抱える主なリスクとして，品質クレーム，PL問題，設備災害，ヒューマンエラーなどがある．これらの潜在化しているリスクに対して，不具合モードを予測し，顕在化するために工程FMEAを活用し，リスクをリスクマトリックスで評価する．

　「設備の点検作業」について，リスク分析を行った事例を紹介する．

Step 1　工程FMEAによるリスクの洗い出し

　設備点検の作業を書き出して，各作業で発生が予想される不具合モードを工程FMEAにまとめた（**図 5.3**）．

　工程FMEAから不具合モードを抽出する手順は，次のとおりである．

　手順1．不具合の発生が予想される作業名を取り上げる．
　手順2．作業手順を書き出す．
　手順3．作業手順ごとに不具合モードを書き出す．

プロセス	作業	不具合モード	推定原因	起こりうる事象	システムへの影響	発頻度	影響度
準備調整	機材の準備	測定機器の動作確認を忘れる	昨日異常なしなので放置する	測定器が動作不良	調整や取り替えで手間取る	4	2
準備調整	手順の確認	手順の確認を忘れる	作業者が変わる	手順がわからなくなる	やり直しや手間取りが発生する	1	1
点検実施	点検実施	点検手順を抜かしてしまう	確認していない	結果の確認ができない	点検のやり直しが発生する	3	2
点検実施	結果記録	測定値などを間違えて記載する	二重チェックをしていない	評価が不正確になる	間違って管理され事故に至る	4	4
点検実施	点検記録	記録や計算を間違う	再度確認をしていない	間違った結果が残る	間違った設備管理になる	2	2
点検実施	不具合対応	不具合の対応指示を忘れる	指示票を発行していない	不具合が改修されない	設備事故に至る可能性大	1	4

図 5.3　工程FMEAによるリスクの洗い出し

手順4．推定原因を検討する．

手順5．「起こりうる事象」の影響状況を検討する．

手順6．発生度，影響度から重要度を評価する．その結果，重要度の高い不具合モードに注目する．

Step 2　リスクマトリックスによるリスク評価

不具合モードのリスク評価を行い，結果をリスクマトリックスに落とし込む．リスク評価は，発生頻度と影響度から重要度のランクづけを行う（**図 5.4**）．

その結果を，表の行と列に発生頻度と影響度をとったマトリックス図に記入する（**図 5.5**）．

このマトリックス図から，右下へ行くほど重要なリスクになり，左上にいくほど安全と評価できる．

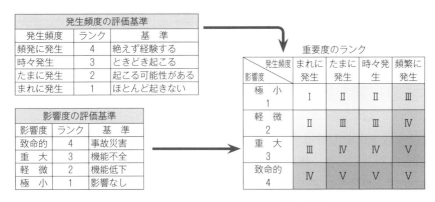

図 5.4　リスクマトリックスの評価基準

影響度＼発生頻度	まれに発生 1	たまに発生 2	時々発生 3	頻繁に発生 4
極小 1	手順の確認を忘れる			
軽微 2		記録や計算を間違える	点検手順を抜かしてしまう	測定機器の動作確認を忘れる
重大 3				
致命的 4	不具合の対応指示を忘れる			測定値などを間違えて記載する

軽微← Ⅰ Ⅱ Ⅲ Ⅳ Ⅴ →重大

図 5.5　リスクマトリックスによるリスク評価

Step 3　好ましくない状態を回避する PDPC の作成

　重大なリスクと評価された「設備点検時の測定値を間違えて記載する」を取り上げ，PDPC を作成する．記載間違いが発生したとき，現状のチェック機能でその間違いに気づけるかどうかを検討し，担当者が測定値を記載を間違えても，異常値が見過ごされて設備事故に至らないよう，チェックがかかるシステムになっているかどうかを確認することを目的に，PDPC を作成する（**図 5.6**）．

　「設備点検時の測定値を間違えて記載する」という問題の初期状態を設定する．そして，次に，この不具合や重大事象を回避する対策を考え，致命的な事象を回避できれば「OK」で終わる．しかし，回避できないことが予測される事象については，対応策を考える．こういった具合に検討し，設備事故に至らないようにする．

　以上の検討より，過去の記録と突き合わせて，「おかしい」と気づけるようデータベースの整備や，2人によるダブルチェックを採用したし

くみづくりを行うことを対応策としている．

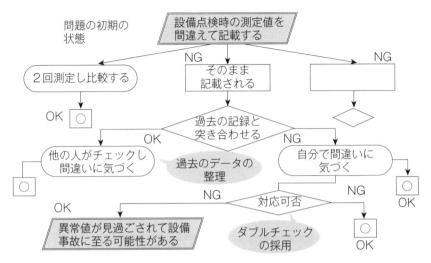

図 5.6　好ましくない状態を回避する PDPC

活用術　その十一

　今まで単独で使われていたリスクマトリックスのリスクの抽出にFMEA を活用することによって，漏れのないリスクの抽出が可能になる．さらに，抽出されたリスクのうち，すでに対応がとられているものと，とられていないものについては，PDPC を活用すると選別することができる．

〈今里健一郎〉

事例12　原因を解消する有効な対策の評価

系統図で発想した対策と連関図から抽出された要因の解消度を客観的に評価するのに活用したT型マトリックス図の事例

　連関図　系統図　マトリックス図

　問題解決を行うのに，連関図で重要要因を抽出し，系統図で具体的な対策を展開していく方法がある．しかし，系統図の場合，手段のみに着目して展開していくため，事前のステップで問題究明した現象や原因とかけ離れている可能性がある．このようなとき，現象一原因一対策を相互に対応させて，関連度をチェックしていくのにT型マトリックス図を使うとうまく評価できる．T型マトリックスを活用した最適策の選定方法は，次のとおりである（**図 5.7**）．

Step 1　連関図で現象と原因の抽出

　総務部では，日頃から苦情が多かった図書室の利用方法を改善し，利用者に満足してもらうよう検討を始めた．

　「図書室が利用しにくい」という問題を取り上げて，連関図を作成した．まず，問題の現象を調査して，4つの一次要因を問題の周りに書いた．そして，一次要因ごとに「なぜなぜ」を繰り返して，4つの原因「会議が多すぎる」「利用規則が徹底されていない」「貸出規則があるが見にくい」「図書室が管理できていない」が挙げられた．

Step 2　系統図で具体的対策の展開

　連関図でわかった原因から，「利用しやすい図書室にする」という目的を設定し，系統図で具体的対策「利用者ニーズを調査する」「技術・経済雑誌を揃える」「蔵書一覧表を作る」など8つの対策案を考え出した．

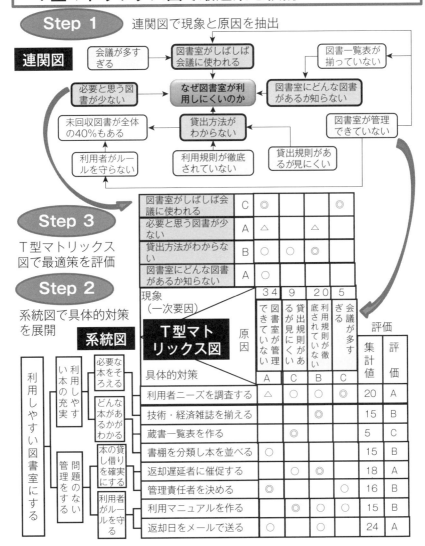

図5.7 連関図と系統図とT型マトリックス図による最適策の抽出

Step 3　T型マトリックス図で最適策の評価

　どの対策を実行すれば効果的なのかを評価するため，T型マトリックス図を作成した．

　上部のマトリックス図は，行の項目に「連関図の一次要因4つ」を配置し，列の項目に「連関図の末端要因4つ」を配置した．このマトリックス図では，一次要因と末端要因の関連性から，原因をランクづけしている．

　T型マトリックス図は，行の項目に「系統図の具体的対策8つ」を配置し，列の項目に「連関図の末端要因4つ」を配置した．このマトリックス図では，原因と対策の関連性から，具体的対策ごとに原因を解消できる程度をランクづけしている．

　T型マトリックス図の評価は，次の手順で行う（**図5.8**）．

① 　現象軸のランクづけ

　　一次要因ごとにA，B，Cのランクを記入する．

　　A：非常に重要な問題点，B：重要な問題点，C：軽微な問題点

② 　現象―原因の評価点計算

　　◎，○，△がついた関連のあるマス目の評価点を計算する．

　　［A：5点，B：3点，C：1点］×［◎：5点，○：3点，△：1点］＝マス目の評価点

　　一次要因Aと末端要因cの交点は，A×◎＝5×5＝25となる．

③ 　原因評価点の集計

　　原因（末端要因）ごとに縦のマス目の評価点を合計する．末端要因dの評価点の合計は，A×◎＋B×○＋C×○＝5×5＋3×3＋3×1＝37となる．

④ 　原因軸のランクづけ

事例12　原因を解消する有効な対策の評価

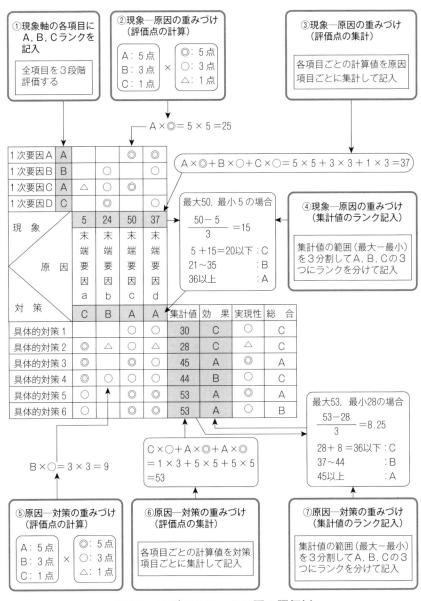

図5.8　T型マトリックス図の評価例

原因（末端要因）a〜dまでの評価点の合計値の範囲（最大値−最小値）を3分割してA，B，Cの3つにランクを分けて記入する．原因軸の場合は，最大50，最小5であるので，(50−5)/3＝15より，A：36以上，B：21〜35，C：20以下とする．

したがって，末端要因aは，5点なのでランクはC，末端要因bは24点なのでランクB，末端要因cは50点なのでランクAとなる．

⑤ 原因−対策の評価点計算

◎，○，△がついた関連のあるマス目の評価点を計算する．

[A：5点，B：3点，C 1点] × [◎：5点，○：3点，△：1点] ＝マス目の評価点

例えば，具体的対策4と末端要因bの交点は，B×○＝3×3＝9となる．

⑥ 対策評価点の集計

対策（具体的対策）ごとに縦のマス目の評価点を合計する．例えば，具体的対策6の評価点の合計は，C×○＋A×◎＋A×◎＝1×3＋5×5＋5×5＝53となる．

⑦ 対策軸のランクづけ

対策（具体的対策）1〜6までの評価点の合計値の範囲（最大値−最小値）を3分割して，A，B，Cの3つにランクを分けて記入する．例えば，対策軸の場合は，最大53，最小28であるので，(53−28)/3＝8.25より，A：45以上，B：37〜44，C：36以下とする．

したがって，具体的対策1は，30点なのでランクはC，具体的対策3は45点なのでランクA，具体的対策6は53点なのでランクAとなる．

以上の結果から，図5.7のT型マトリックス図から対策評価のAランク「利用者ニーズを調査する」「返却遅延者に催促する」「返却日をメールで送る」の3つの対策を実行することにしている．

事例12　原因を解消する有効な対策の評価

活用術　その十二

　1つのマトリックス図で3段階の相対評価を行うことによって，評価点を数値化でき，客観的な評価ができるものである．

　真の問題解決に至る有効な対策を評価するために，別々に検討された原因と対策の関連性を評価するポイントは，各段階で3段階評価に置きかえることである．

〈今里健一郎〉

事例13　新製品の品質機能展開の実施

系統図で展開した品質特性に要求品質を満足させる設計目標を展開するのに活用したマトリックス図の事例

[系統図] [マトリックス図]

　ここでは，「ホッチキス」を取り上げて品質機能展開を実施し，新製品の設計を行った例を紹介する．

　品質機能展開(QFD：Quality Function Deployment)とは，お客様などが要求する品質や改善活動でねらうべき品質を言語データによって体系化し，その品質がもっている品質特性との関係の度合いを整理し，分析する．そして，要求している事項を品質特性に変換し，設計への仕様目標を決めていくための手法である．

　まず，コンセプト「職場が明るくなる事務用品とは，どんなホッチキスが求められているのか？」を目的に調査を行い，『デスクを明るくする卵型ホッチキス．価格は1個300円』と設定した(図 5.9)．

　品質機能展開(QFD)の実施手順は，次のとおりである(図 5.10)．

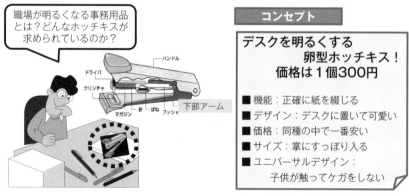

図 5.9　ホッチキスのコンセプト[1]

Step 1　要求品質の展開

お客様の声やコンセプトをもとに系統を活用して，要求品質展開表を作成する（図 5.10）．

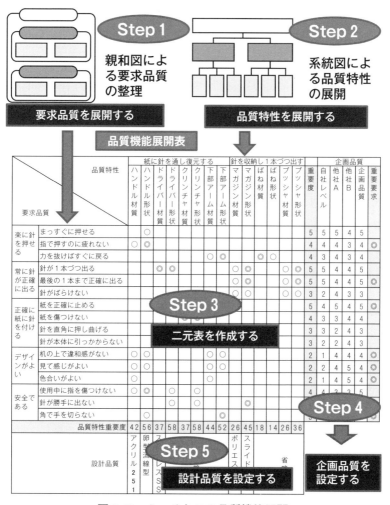

図 5.10　ホッチキスの品質機能展開

お客様の声やコンセプトを作成するときに出てきた要素の言語データから親和図を作成し，系統図に書き換えて要求品質展開表を作成する．

ここでは，5つの目的から16の要求品質を展開している．

Step 2　品質特性の展開

対象となる製品の特性を，機能別(厚さ，重量，長さなど)に展開する．この展開表をもとに品質特性展開表を作成する．

ここでは，「紙に針を通し，アームを元に戻す」ことと「針を収納し，1本ずつ出す」特性について，7つの構成品に対して材質と形状を展開している．

Step 3　二元表の作成

要求品質展開と品質特性展開の二元表を作成し，要求品質と品質特性に関連する情報を二元表に明記する．要求品質と品質特性との交点のマスに，その対応の強さに応じて◎，○の記号をつけていき，企画品質と設計品質を設定している．

Step 4　企画品質の設定

要求品質ごとにレベルを評価し，企画品質のレベルを決定する(図5.11)．

Step 5　設計品質の設定

品質特性ごとに，要求品質を満足できる仕様を決定する．

この結果から，「品質表」「QA表」「QC工程表」などを作成する(図5.11)．

事例13　新製品の品質機能展開の実施

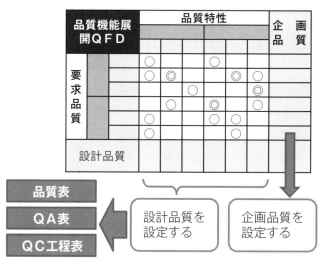

図 5.11　設計品質と企画品質の抽出

活用術　その十三

　品質機能展開を実施する場合，列と行に項目を設定した単純なL型マトリックス図を作成するのではなく，要求品質を系統図で展開し，品質特性も系統図で展開した結果を二元表に作成することがポイントとなる．

　新製品の開発などでは，この品質機能展開をもとに，コスト展開，技術的展開や信頼性展開などを行うことによって，実用化へつなげていくことができる．

〈今里健一郎〉

事例14　製造コストと生産ロスからのロスコスト分析

系統図で展開した製造コストと生産ロスからロスコストを抽出したマトリックス図の事例

系統図　マトリックス図

生産現場ではさまざまなロスが発生している．これらのロスは製造コストに反映されるが，どのような生産ロスがどの項目の製造コストにどれくらい反映されているのかを，系統図とマトリックス図を組み合わせて分析して，評価することができる．

Step 1　生産ロス項目の細分化，明確化

生産ロスにはどのようなものがあるかを，項目を系統図で展開して，細かく洗い出す（図 5.12）．

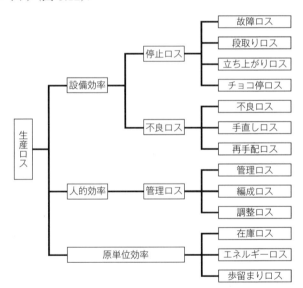

図 5.12　生産ロスの分類

Step 2　製造コストの細分化，明確化

製造コストも，同様に系統図を用いて項目を細分化する(**図 5.13**)．

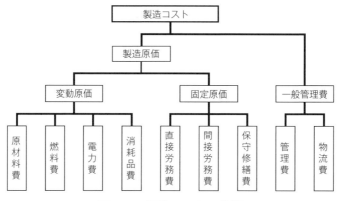

図 5.13　製造コストの分類

Step 3　L型マトリックスによるコスト分析

生産ロスの細目と製造コストの細目とでL型マトリックスを作り，各生産ロスの細目について，製造コストのどの項目においていくら発生しているか，その金額を交点に記入する(**図 5.14**)．

Step 4　生産ロスおよび製造コストの金額を項目ごとに集計

製造コストに占める生産ロスの金額を項目ごとに集計した図が**図 5.15**である．この図から，不良ロスと在庫ロスがもっとも多くの損金を出していることや，それらは原材料費・消耗品費と管理費・物流費を圧迫していること，また製造コストに対する損失金額比率では消耗品費と電力費における生産ロスがいずれも10%を超えていることなどがわかる．

第5章 マトリックス図法の活用術

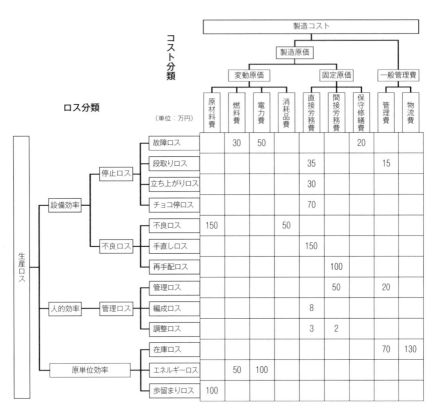

図 5.14　生産ロスごとの製造コスト

事例14　製造コストと生産ロスからのロスコスト分析

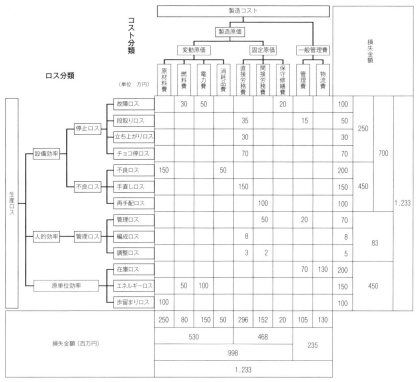

図 5.15　生産ロスコスト分析

活用術　その十四

　系統図とマトリックス図の組合せでは，すべての項目の中身を順に細分化して，これ以上分けられなくなるまで追求するところがポイントである．系統図法を使って生産ロスと製造コストを細分化したうえで，それぞれの細項目同士の対応する交点の金額をL型マトリックス図を用いて明確にすることによって簡単に重点項目を抽出し，具体的な分析が可能となる．　　　　　　　　　　〈田中達男〉

事例15　現場掲示用不良管理表の作成

不良管理または品質管理上の重要項目を見える化するのに活用したT型マトリックス図の事例

　グラフ　　マトリックス図

　製造現場では，発生する不具合を日々管理して，情報を関係者で共有して原因究明や対策につなげていくために，さまざまなフォームの管理表が工夫され，活用されている．その中から現場掲示用管理表として，マトリックス図とグラフを活用して工程内管理の見える化を図る方法を提案する．

　例として示す管理表では，発生不具合について，マトリックス図の部分は，①：発生日－発見工程，②：発生日－作業者，③：不具合内容－発見工程，④：不具合内容－作業者，の4つから，グラフの部分は，①発生日別，②不具合内容別，③発見工程別，④作業者別の4つから構成されている．

　この管理表を用いることにより，現場で発生している不具合について，4つの層別因子で，発生傾向をグラフから，層別因子間の関係をマトリクス図から読み取ることができ，不良原因の究明や対策に役立てることができる．層別因子は，製品や製造の形態に合わせて自由に決めることができる．また，月次の管理表を比較することで，不具合の発生傾向を比較することもできる．

　使い方としては，製造現場において発生した不具合の実績を管理・監督者が手書きで日々追記し，対策や改善につなげていくことになる．具体的には，以下のような運用を日々実施していく（図 5.16）．

Step 1　月次目標の設定

　工程内不良管理表のグラフ部分に当月の目標線（不具合発生をこれ以下に抑える必要があるライン）を引き，現場の作業者および管理・監督

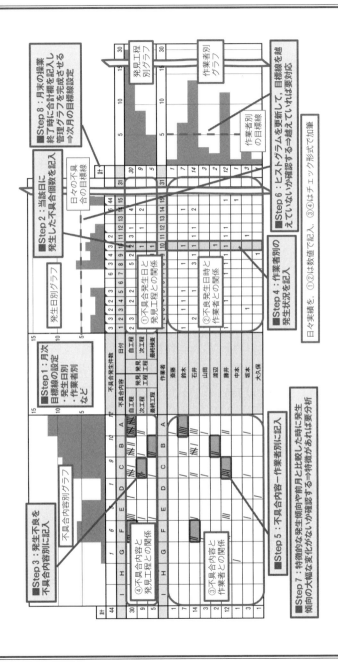

図 5.16　工程内不良管理表

者が見やすい場所に掲示する．

Step 2　管理表の日々のデータ更新(1)

不良管理表のデータは，その日の操業が終了した段階で，日々更新する．まずは，当該日に発生した不具合を発見工程別に「発生日－発見工程」のマトリックスに記入する．また，発生日別グラフ，発見工程別グラフを更新する．

Step 3　管理表の日々のデータ更新(2)

発生不具合を不具合別に「不具合内容－発見工程」のマトリックス図に記入する(チェックシート形式で前日までのデータに加筆する)．前日より発生が増えた不具合項目は，不具合内容別グラフを更新する．

Step 4　管理表の日々のデータ更新(3)

作業者別の不具合発生状況を「不具合内容－作業者」のマトリックス図に記入する．前日より発生が増えた作業者は，作業者別グラフを更新する．

Step 5　管理表の日々のデータ更新(4)

「不具合内容－作業者別」のマトリックス図に記入する(チェックシート形式で前日までのデータに加筆する)．

Step 6　目標を割った場合の対応・対策

更新したグラフが目標線を越えた場合は，対応・対策をとる．例えば，不具合を多発させている作業者に対して，正しい作業方法を再度指導・教育したうえで本人の作業内容を確認するなどがこれにあたる．

Step 7　発生傾向の確認・分析

　特徴的な発生傾向，例えば，特定の不具合項目が特定の作業者に偏って発生しているなどがないかを確認し，また前月の管理表と比較したときに発生頻度や発生傾向に大きな変化がないかを確認する．特徴的な傾向や変化がある場合は，原因分析を実施する．

Step 8　月次の振り返りと次月の目標設定

　当月の操業が完了した時点で，合計欄に数値を記入して管理表を完成させ，関係者で振り返りを実施するとともに，当月実績をもとに次月の管理表の目標線を設定する．

活用術　その十五

　この不良管理表は，不良発生の実態を把握して継続的な改善をしていくために，関係者全員で情報の共有化とコミュニケーションを図るためのツールである．全員の目につく場所に掲示する，日々確実にデータを更新する(まとめ更新はしない)，など，関係者に常に関心をもってもらえるよう運用していくことがポイントである．

〈玉木　太〉

事例16　改善後の副作用の確認

改善度の確認を散布図で行った結果生み出される副作用の検討に活用したＴ型マトリックス図の事例

散布図　マトリックス図

　対策の実施で，"効果が出ているかどうか"に気をとられ，実施後の副作用を見落としたために，「活動のやり直しを余儀なくされた！」といった事態を事前に回避しようとした事例である．

　対策の副作用については，その次のステップである効果の確認の"関連事項への影響確認"を行うまではわからない，もしくは「考えていなかった」というのをよく耳にする．

　あまり問題にならないケースもあるかもしれないが，場合によっては，判明した副作用が大きすぎて，原因追求からやり直さなければならないといった事態にもなりかねない．そして，そもそも何度も対策を実施できるような環境にない場合，例えば受注生産などは，対策の実施も効果の確認も機会が一度きりである．また，効果が出ると見込んだ対策が失敗すると多額のコストがかかる場合などは，対策立案の段階から慎重に活動を行わなければならない．

　そこで，対策を立案する際に，本当に効果が出るのか改善度を事前確認するとともに，その改善(対策)によって引き起こされる副作用についても同時に想定して，実施の際に検証することで，効果の信頼性を高め，より効率的・効果的に活動を進めようとするのが本事例である．

　解決までのポイントの概略は以下のとおりである．

・対策案から想定される悪影響を列挙
・悪影響によって引き起こされる現象を選定
・副作用の項目を選定
・悪影響と密接に関連する現象を副作用と認定

　具体的な手順は後に示すが，その前に問題の背景について説明する．

Step 0　取組みの背景

製品のコストダウンを行うため，熱処理を行う際の燃料使用量を抑えられないかと考えた．まず考えたのが，炉のバーナー調整を行うことである．しかし製品が大きいため，一部のバーナーの開度を抑えられたとしても，他のバーナーに影響が出て，全体として使用量が減るかどうかはわからない．

また，熱処理をどのように行うかで，完成した製品の品質に大きく影響を及ぼす可能性もある．受注生産で，しかも製品が大きく，むやみやたらに実験ができる環境にないため，対策の実施を行う際の副作用を事前にあぶり出すなど，慎重に実施を行わなければならなかった．

Step 1　改善度の事前確認

散布図を使って事前に効果を確認する．場合によっては，対策案の改善度を確認したことになる．

ここでは，図 5.17 に示すように，「材料の処理重量とガスの使用量」についての散布図を作成した．

バーナー調整を行うことで，どの重量の製品も 1 処理あたり約500 Nm³削減できていること（効果）を散布図で確認した．

第5章 マトリックス図法の活用術

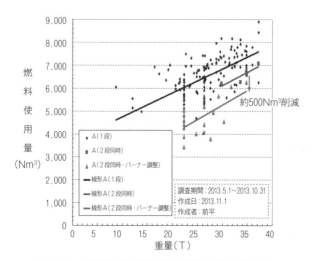

図 5.17 材料の重量とガスの使用量の散布図

Step 2 対策案の確定

Step 1 で効果を確認できた対策案をさらに細分化し，ケースを列挙す

表 5.1 余剰空間ごとのバーナー開度ケース

バーナー開度	余剰空間 LL（mm）	対策			
		余剰空間に設置されたバーナーNO			
		#1	#2	#3	#4
10%	2000≦ LL ＜3000	●			
	3000≦ LL ＜4000	●	●		
	4000≦ LL ＜5000	●	●	●	
	5000≦ LL	●	●	●	●
20%	2000≦ LL ＜3000	●			
	3000≦ LL ＜4000	●	●		
	4000≦ LL ＜5000	●	●	●	
	5000≦ LL	●	●	●	●
30%	2000≦ LL ＜3000	●			
	3000≦ LL ＜4000	●	●		
	4000≦ LL ＜5000	●	●	●	
	5000≦ LL	●	●	●	●

該当バーナー：●

る．細かくケースを分けるのは，最適値を判断しやすくするためである．

この事例の場合，炉に製品を置くと前後に余剰空間ができるので，その余剰空間に設置された該当バーナーの開度を**表 5.1**のように設定した．

ケースを詳細にすることで，どこまで開度を抑えることができるのか，最適値を判断できるようにしておく．

Step 3　悪影響の想定

対策案を実施することで想定される悪影響をすべて列挙する．

ここでは，バーナー開度を抑えることで想定される悪影響を列挙する．この事例では，"温度はずれ"と"昇温おくれ"の2つのみである（**表 5.2**）．

表 5.2　対策案と悪影響の洗い出し

バーナー開度	余剰空間 LL(mm)	対策 余剰空間に設置されたバーナーNO				悪影響	
		#1	#2	#3	#4	温度はずれ	昇温おくれ
10%	2000≦ LL <3000	●					
	3000≦ LL <4000	●	●				
	4000≦ LL <5000	●	●	●			
	5000≦ LL	●	●	●	●		
20%	2000≦ LL <3000	●					
	3000≦ LL <4000	●	●				
	4000≦ LL <5000	●	●	●			
	5000≦ LL	●	●	●	●		
30%	2000≦ LL <3000	●					
	3000≦ LL <4000	●	●				
	4000≦ LL <5000	●	●	●			
	5000≦ LL	●	●	●	●		

該当バーナー：●　　関連なし：○　　やや関連あり：△　　関連あり：×

Step 4　副作用項目の設定

　悪影響によって引き起こされる材料などへの現象を列挙する．
　また，悪影響と現象の関連度合いがひと目でわかるように，記号を用いて表現する．
　・×(関連あり)
　・△(やや関連あり)
を用い，現象の欄の×，△の部分を「副作用」とする．
　悪影響によって引き起こされる製品などへの現象を列挙し，悪影響の各項目(ここでは，温度はずれと昇温おくれ)との関連を×と△で結び付ける(表 5.3)．
●記号のつけ方
　・常に関連のある部分　⇒　"×"
　・いつも関連があるわけではない部分　⇒　"△"
　・関連が薄い部分　⇒　"△"
　入力があった部分を副作用として設定する．

表 5.3　悪影響によって引き起こされる製品などへの現象

悪影響が引き起こす現象	悪影響	
	温度はずれ	昇温おくれ
品質に影響はないが、客先要求を満足しない	△	
熱処理時間遅延（生産性悪化・コスト増）		×
材料のねばさはずれ	×	
材料の延性はずれ	×	
材料の強度はずれ	×	

現象を列挙 ↓

やや関連あり：△　関連あり：×

Step 5 　副作用のあぶり出し

対策の実施によって引き起こされる副作用をあぶり出す．

① 対策案，悪影響，現象の関連性をT型マトリックスにまとめる．つまり，Step 2〜Step 4をT型マトリックスにまとめる（**図 5.18**）．

						副作用	
		材料の強度はずれ				×	
		材料の延性はずれ				×	
		材料のねばさはずれ				×	
		熱処理時間遅延(生産性悪化・コスト増)					×
		品質に影響はないが，客先要求を満足しない				△	
現　　象		悪　影　響				温度はずれ	昇温おくれ
対　　策							
バーナー開度	余剰空間LL(mm)	余剰空間に設置されたバーナーNO					
		#1	#2	#3	#4		
10%	2000≦LL<3000	●					
	3000≦LL<4000	●	●				
	4000≦LL<5000	●		●			
	5000≦LL	●		●	●		
20%	2000≦LL<3000	●					
	3000≦LL<4000	●	●				
	4000≦LL<5000	●		●			
	5000≦LL	●		●	●		
30%	2000≦LL<3000	●					
	3000≦LL<4000	●	●				
	4000≦LL<5000	●		●			
	5000≦LL	●	●	●	●		

該当バーナー：●　関連なし：○　やや関連あり：△　関連あり：×

図 5.18　対策実施による悪影響と副作用の関係

② 対策を実施して，悪影響があるかどうか確認する．

第5章　マトリックス図法の活用術

　実施した結果，悪影響が出たのはバーナー開度10％の全ケースで，この対策を実施すれば，材料の強度はずれ，延性はずれ，ねばさはずれなどの副作用が出ることが一目でわかり，これにより副作用があぶり出された．バーナー開度は，どのケースでも20％が最適値であることが判明した（図 5.19）．

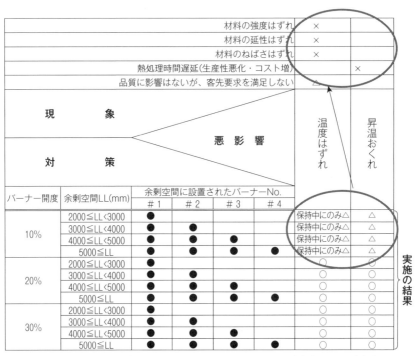

図 5.19　対策実施による副作用のあぶり出し

活用術　その十六

　対策に伴う悪影響の関係，悪影響と悪影響が及ぼす製品などへの現象の関係を，Ｔ型マトリックス図を使ってまとめることで，対策実施に伴う副作用をあぶり出すことが可能になる．また，このように見える化することで効果の信頼性を高められる．

〈兒玉美恵〉

事例17　業務遂行上のスキル向上

業務時間の実態とスキルマップから業務の合理化・効率化を導き出したマトリックス図の事例

　グラフ　　マトリックス図

　各部署での日常業務の遂行状況は月次単位で集約し，計画どおり実施できたか，月次の目的・目標を達成しているかを検証する必要がある．

　この事例は業務の遂行に当たり，各担当者がどの業務にどの程度の時間を要しているか，また各業務に必要なスキルに対して各担当者は十分な力量があるのか，さらに部署全体として適切な業務の割り振りができているのかを評価した事例である．力量が不足している担当者には必要な力量を身につけさせ，業務時間も考慮して次月度以降の業務の適切な割り振りを部署全体を見据えて行い，当該部署全体の業務の合理化・効率化に取り組むことができる．

Step 1　業務の洗い出しと担当者の業務時間の把握

　手順1：業務の洗い出し

　各担当者の業務の洗い出しを行い，それらを集約して業務項目を作成する．なお，業務の洗い出しには，業務日報などを利用して抽出，分類してまとめるとよい．

　手順2：マトリックスの作成

　各担当者と業務項目のマトリックス図を作成し，各交点にはその業務時間を記入する．ちなみに筆者は，データベース化された業務日報から，担当者別に業務項目ごとの業務時間を集計している．

　手順3：業務時間の集計

　担当者ごと，業務ごとに勤務時間を集計して棒グラフを作成し，誰がどれくらいの業務時間を費やしているか，また部署としてどのような業務にどれくらいの時間を要しているかを検証する．

この部署では「製品評価」「実験・試験」「検査」に多くの時間を要しており（いずれも150時間以上），また，概して上級職者になるほど業務に多くの時間を費やす傾向のあることがわかる．なお，当該部署では3級職者から6級職者が在籍しており，級職の数字の小さい方が上位職である（**図 5.20**）．

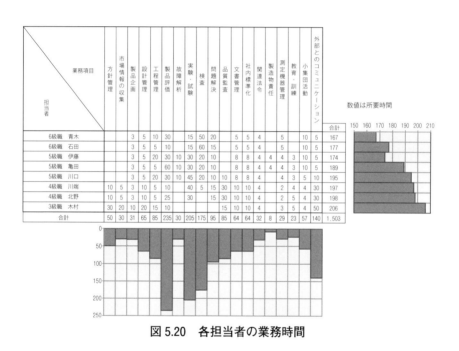

図 5.20　各担当者の業務時間

Step 2　３D棒グラフによるデータの見える化

　３D棒グラフを作成して，誰がどの業務にどれくらいの時間を要しているかを鳥瞰的に把握する（**図 5.21**）．ここでは亀田さんが「製品評価」に，石田さんと青木さんが「検査」に特に際立って時間を要していることがわかる．

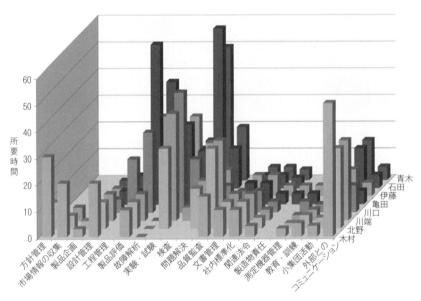

図 5.21　各担当者の業務時間3D 棒グラフ

Step 3　パレート図による考察

業務別所要時間は，パレート図を作成することにより，業務の時間順と累積比率も確認する（図 5.22）．

この事例では，次のように考察できる．

① 不備件数のうち，「製品評価」が第1位で235件あり，全体の15.6％を占めている．

② 上位3項目は「製品評価」「実験・試験」「検査」で，全体の40.9％を占めており，これらの業務を重点的に推進していることがわかる．

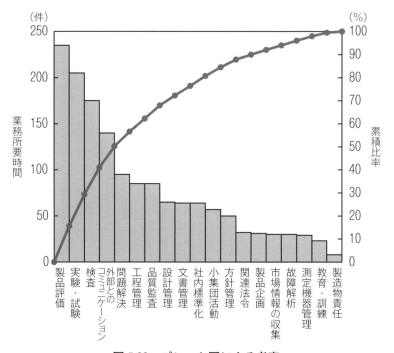

図 5.22　パレート図による考察

Step 4　各業務に必要な力量要素の把握

各業務に必要な力量要素（スキル）を選定し，その対応をマトリックスに示す（**図 5.23**）．このとき，各セルには関連性の大きさに応じて，◎，○，△を記入し，あまり関連性のないセルは空欄にしておく．

凡例：
- ◎ 関連性大
- ○ 関連性あり
- △ 関連性小

力量要素（スキル）＼業務項目	方針管理	市場情報の収集	製品企画	設計監理	工程管理	製品評価	故障解析	実験・試験	検査	問題解決	品質監査	文書管理	社内標準化	関連法令	製造物責任	測定機器管理	教育・訓練	小集団活動	外部とのコミュニケーション
信頼性工学				○	○		◎	○							○	○			
多変量解析			○	△		◎	○												
実験計画法（直交配列）				△	△	◎	◎	△		○									
品質工学			○	◎	○	○	◎												
アンケート調査		◎				○								○					
品質機能展開	△	◎	◎			○			◎	△									
苦情処理		◎	△							○									◎
PM					○	○								○	△				
IE					○	○									△				
ISO 9001	○			○							◎	○	○						
品質保証	△	○	△	○	◎			△			◎	◎	○		○	△			
方針管理	◎	○	○	△	△				◎		○				○	△			
回帰分析					○	○	◎	△		○									
分散分析					○	○	○	○											
抜取検査					◎	○		◎	◎						○	△			
サンプリング			△		○	◎		◎	◎										
統計的推論（検定・推定）					○	○													
社内標準化		△	△		○		○			○	◎	◎	◎		△		○		
QCサークル					○												◎	◎	
官能検査		△	△	△		◎		◎	○										
確率分布					○	△	△	◎	○										
新QC七つ道具			○		○	◎		○									△		
QC七つ道具					◎	◎		○									△		
問題解決の手順					○	○				◎									
データの取り方・まとめ方	○				◎	○		◎							△		○		
品質管理の基本					○	○		○		○		○					○	○	△

図 5.23　各業務に必要な力量要素一覧

事例17　業務遂行上のスキル向上

Step 5　スキルマップの作成

選定された力量要素(スキル)は，新たに担当者のマトリックスを作成して，その習熟レベルを評価する(図5.24)．これがスキルマップになる．

スキルマップは，力量要素(スキル)と担当者ごとにそれぞれ棒グラフを作成し，基準点と比較する．これにより，当該部署はどの力量要素(スキル)が満たされているか，または不足しているか，さらに各担当者が基準に対してどの程度習熟しているかが評価できる(図5.25)．この部

		100	80	80	50	50	50	25	25	基準点
		121	105	97	73	63	52	25	18	合計得点
9	10	4	4	2						信頼性工学
9	10	4	4	2						多変量解析
9	10	4	4	2						実験計画法(直交配列)
9	10	4	4	2						品質工学
18	19	5	4	4	2	2	2			アンケート調査
18	18	4	4	4	2	2	2			品質機能展開
18	24	5	5	4	4	4	2			苦情処理
18	12	4	2	3	1	1	1			PM
18	12	4	2	3	1	1	1			IE
18	22	4	4	4	4	4	2			ISO 9001
18	19	5	4	4	2	2	2			品質保証
18	12	4	2	3	1	1	1			方針管理
18	20	5	4	4	4	2	1			回帰分析
18	20	5	4	4	4	2	1			分散分析
18	20	5	4	4	2	2	1			抜取検査
18	21	5	4	4	4	2	2			サンプリング
18	21	5	4	4	4	2	2			統計的推論(検定・推定)
24	27	5	5	4	4	4	2	2	1	社内標準化
24	31	5	4	4	4	4	4	4	2	QCサークル
24	25	5	4	4	4	4	2	1	1	官能検査
24	30	5	5	4	4	4	2	2		確率分布
24	29	5	4	4	4	4	2	2	2	新QC七つ道具
24	32	5	5	5	4	4	4	3	2	QC七つ道具
24	32	5	5	5	4	4	4	3	2	問題解決の手順
24	34	5	5	5	4	4	4	4	3	データの取り方・まとめ方
24	34	5	5	5	4	4	4	4	3	品質管理の基本
基準点	合計	木村	北野	川端	川口	亀田	伊藤	石田	青木	力量要素(スキル)
		3級職	4級職	5級職			6級職			担当者

凡例	
点数	評価レベル
5	指導レベル
4	実施レベル
3	一部実施レベル
2	習得中
1	導入時
	非要求

図5.24　スキルマップ

第5章 マトリックス図法の活用術

署全体では，力量要素(スキル)のうち「方針管理」，「PM」，「IE」が不十分であり，また，個人別では青木さんが基準点に達していないことがわかる．

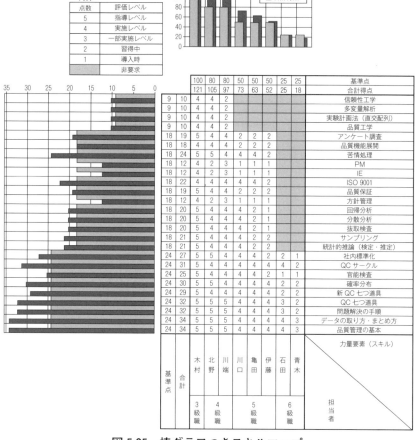

図 5.25　棒グラフつきスキルマップ

Step 6　業務時間集計とスキルマップの組合せで業務の俯瞰

　業務と担当者のマトリックス，業務と力量要素のマトリックス，力量要素と担当者のマトリックスの3つを組み合わせてマトリックスを作成し，全体の俯瞰図が完成する（図5.26）．

　スキルマップに基づき，必要な力量が不足している担当者には教育・訓練を行って必要な力量を身につけさせるとともに，業務時間集計結果と併せて評価を行い，次月度以降の業務の適切な割り振りを行って，当該部署の業務の合理化・効率化を図っていく．例えば，伊藤さんは力量評価は基準を満たしているが，30時間と多くの時間を割いている「実験・試験」に関連のある「回帰分析」「分散分析」「抜取検査」が十分習得できていないので，これらを重点的に学習してマスターすることが望まれる．

活用術　その十七

　スキルマップは多くの企業で作成されており，それは各担当者の業務と密接に関係している．その要素である「力量要素（スキル）」と「業務」と「担当者」の関係はマトリックス図で表すことができ，またそれを構成しているそれぞれのマトリックス図に対して棒グラフ，3D棒グラフ，パレート図などを用いることで，その関係をさらに深く掘り下げて詳細に解析することができることを，この事例は示している．

〈田中達男〉

第5章 マトリックス図法の活用術

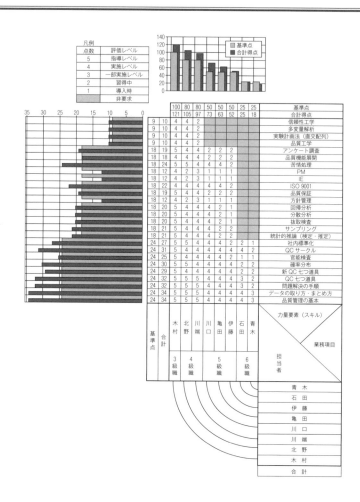

図 5.26 業務時間集計と力量マッ

事例17　業務遂行上のスキル向上

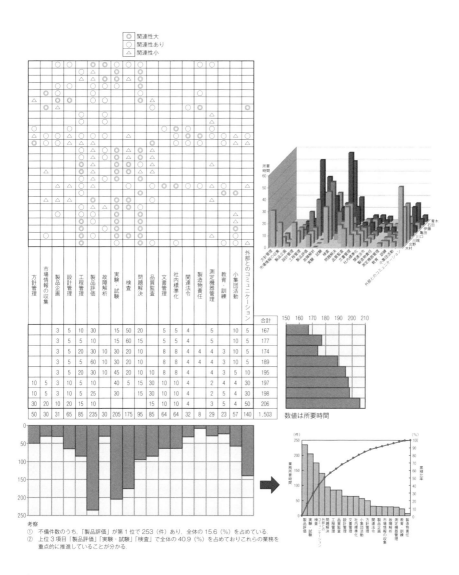

プの組合せによる業務の俯瞰図

猪原教授のＮ７の真髄④　マトリックス図法

問題（現象）と原因および手段の関係が明らかになったとき，それらの関係を網羅的に整理して，抜け落ちのない検討によって最適手段を選する必要がある．また，新製品の開発における品質表（QFD）の活用と同様に，明らかとなった顧客ニーズに対して，それらを実現するために重要な製品特性を抜け落ちなく選定する必要がある．

さらには，自社や自組織を取り巻く新しいチャンス（Opportunity）と脅威（Threat），自社や自組織の強み（Strength）と弱み（Weakness）が明らかになったとき，SWOT分析という分析法によって，チャンスを捉え，脅威を回避したビジネス戦略を決定する必要がある．

このように，ある項目Aに関する属性A_1，A_2，…，A_pと別の項目Bに関する属性B_1，B_2，…，B_qが明らかになったとき，それら属性間の関係に注目することで，検討の抜け落ちを防止したり，新しいアイデアを発想したりするための方法論として，マトリックス図法がある．

このマトリックス図法の真髄は，

- マトリックスの各交点から発想することであり，単に交点における関係性を整理することではない

ということである．その意味で，系統図において展開された多種多様な末端手段から最適手段を選定するため，各手段の効果，実現性，経済性を評価項目として最適手段を選定する事例が多数報告されているが，単に◎，○，△などの記号で整理するのではなく，各交点においてどんな発想をしたかを記述したいものである．

なお，最近では，ケプナー・トリゴーの決定分析（Decision Analysis）における発想を生かして，必須項目（Must）と要望項目（Want）およびリスク（Risk）の視点から最適手段を選定する方法も検討・実施されている．

第6章
アローダイアグラム法の活用術

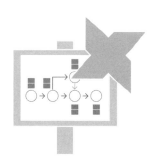

第6章 アローダイアグラム法の活用術

6.1 アローダイアグラム法の活用

(1) アローダイアグラム法とは

アローダイアグラム法は，作業を進める順に作業を矢線で記入し，作業と作業を結合点（丸：○）で結んで工程の流れを見える化した手法である．丸（○）は作業の始点と終点を示し，ある作業の終点は，それに続く作業の始点となり，その作業を始めるためにはどの作業が終わっていなければならないかがわかるものである（**図 6.1**）．

> **アローダイアグラム法のルーツ**
>
> アローダイアグラム法は，米海軍内の OR チームで開発された PERT（Program Evaluation and Review Technique）手法と同じである．この PERT を品質管理用に改良したものがアローダイアグラム法である．

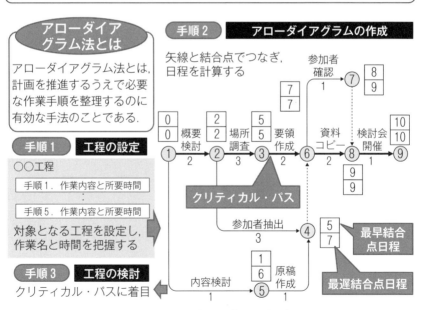

図 6.1　アローダイアグラム法の概要

(2) アローダイアグラムの活用ポイント

アローダイアグラムの活用ポイントは，次のとおりである（図 6.2）．

Point 1　2つの結合点で表示される作業は1つにする

アローダイアグラムでは，結合点を矢線で結んでいく．1組の結合点は1つの作業を表し，2つの結合点間に2つ以上の作業がある場合，ダミー（作業を行わない経路）を挿入する．結合点番号は1からはじまる正の整数を用い，作業が進むにつれて大きな番号を記入する．

Point 2　日程を計算しクリティカル・パスを記入する

最早結合点日程と最遅結合点日程を計算し，余裕のない工程をクリティカル・パスとして表示する．

最早結合点日程とは，その結合点から始まる作業が開始できるもっとも早い日程である．結合点①の0日よりスタートし，所要日数を加算する．最遅結合点日程とは，その結合点で終わる作業が遅くとも終了していなければならない日程である．結合点⑤の5日より所要日数を減算していく．

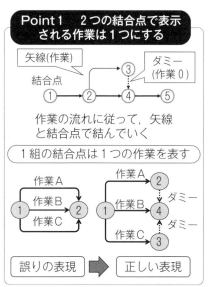
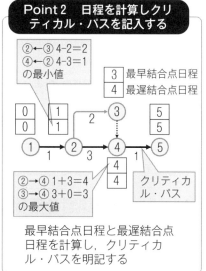

図 6.2　アローダイアグラムの活用ポイント

事例18　コスト低減を達成した開発工程の確立

特性要因図と系統図で工程上の問題を解消し，最適な業務推進を明らかにするために活用されたアローダイアグラムの事例

　特性要因図　　系統図　　アローダイアグラム

　本事例は，海外の品質監査を成功させるためにアローダイアグラム法を活用した事例である．

　業務を予定どおり完了させるために，特性要因図を併用することで効率よく行動し，かつ全体の進捗とコストとのバランスを見て最適なアクションをとることを目的とした．

　最初からさまざまなシミュレーションを行い，コストと効果に対し，前もって対策を打ちながら最適なクリティカル・パスを予想できるのではないかを検討した．

Step 1　目標達成までの作業の整理

　海外で監査を実施するまでに必要な事項(メンバー選定，日程，チェックリスト作成，アクセス方法など)を抽出し，アローダイアグラムで整理する(**図 6.3**)．

Step 2　課題整理のための特性要因図の併用

　監査を効率的に進めるために，事前に監査先の情報を収集し，課題を明確にしておくために，特性要因図を併用する．この課題の抽出が監査の精度を左右すると考えられる(**図 6.4**)．

Step 3　重点課題の系統図での展開

　限られた時間内では多くの監査はできないため，事前に課題の優先順位をつけることで，海外での監査が発散しないようにする．そのために

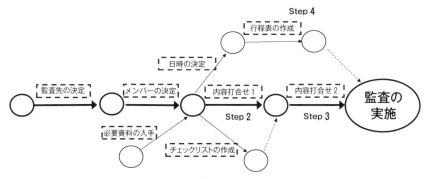

図 6.3　目的達成までの作業をアローダイアグラムで整理

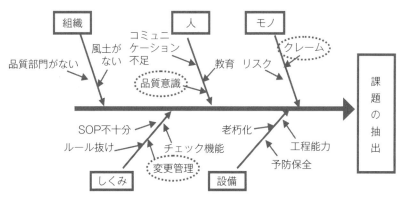

図 6.4　課題整理のために特性要因図を活用

前提条件を付与し，系統図を活用してチェックポイントを明確にする．その場合，外段取りで調査可能なものは事前に実施し，監査のムダをなくすことも必要である(**図 6.5**)．

第6章 アローダイアグラム法の活用術

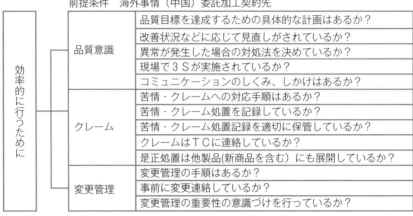

図 6.5　重要課題に対し前提条件を付与し系統図で展開

Step 4　特性要因図でのコスト低減方策の探索

　交通手段と宿泊先については，ルートや時期などで大きく変わる要素がある．監査日に合わせて最も効率よくコスト低減できるルートを見つける（図 6.6）．

　今回のように，海外監査を実施するまでの個々の作業の効率化を図るために，特性要因図を活用し，アローダイアグラムに表示することがねらいである．最終的にクリティカル・パスを見て，特性要因図で効率化

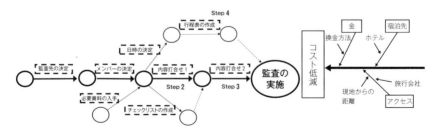

図 6.6　同時に特性要因図でコスト低減の方策を探索

を図った作業が時間に影響しないのであれば，コストのかからない別の改善を選択することが可能となる．

　系統図法を活用することで，必要な資料(データ)の精度を上げ，最終目的に対して"質"を向上させることがねらいである．
　目標に向けて，相互の作業(仕事)をムダなく関連させる過程を時間軸で見えるようにしている手法であり，業務を予定どおり完了させるために，特性要因図を併用することで効率よく行動し，かつ全体の進捗とコストとのバランスを見て最適なアクションをとることを目的とした．
　クリティカル・パスを気にすることは重要であるが，作業が遅れた場合に，クリティカル・パスを変更し，再度見直すという作業の繰返しである．最初からさまざまなシミュレーションを行い，コストと効果に対し，前もって対策を打ちながら最適なクリティカル・パスを予想できるのではないかを検討した．

活用術　その十八

　アローダイアグラムは作業の前後関係を把握して，効率的に工程を見直し最短で目標を達成することであるが，個々の作業の制約条件や費用対効果などを検討し，企業として最善の選択をしたうえで，目標を達成することが重要である．

〈神田和三〉

事例19 最短で実施可能な新製品開発プログラムの確立

PDPCで開発の進展を予測し，最短納期を追究したアローダイアグラムの事例

PDPC **アローダイアグラム**

　企業経営において，新製品の開発期間の短縮は，ぜひ実現したい重要事項である．その日程計画を管理する手法のひとつに，アローダイアグラム法がある．アローダイアグラムは個別作業をつなげたネットワークであり，アローダイアグラムを作成することにより，目的，目標を達成するための実行計画の全貌が明らかになる．その中では，日程計算をすることにより，個々の作業の余裕日数が明らかになるとともに，余裕がない作業の組合せである"クリティカル・パス"が明らかになる．クリティカル・パスは，これ以上短縮できない日程計画なので，クリティカル・パスが"最短新製品開発期間"ということになる．

　アローダイアグラム法は，本来，作業全体の日程計画をはっきり示すことができる場合に適用できる手法である．しかし，実際の新製品の開発においては，検討の結果により状況が変わるため，最後まで見通せないことが一般的である．そこで，アローダイアグラムにPDPCを組み合わせることで，状況が変化する中でアローダイアグラムを改訂し，常に最新のクリティカル・パスを明らかにしながら新製品開発を進めることが可能となる．基本的な手順は次のとおりである．

Step 1　開発の進展をPDPCで予測

　開発における進展の構想を，PDPCとして作成する．進行状況に見通しが立たない場合もあるので，うまくいく場合だけではなく，うまくいかない場合の対処についても，可能な範囲でパスを記載しておく(**図6.7**)．

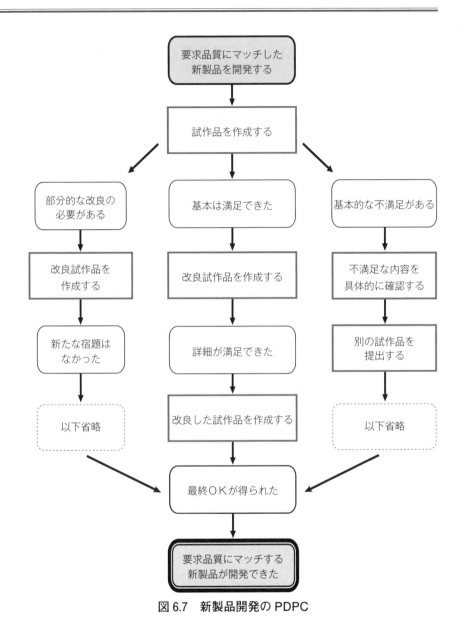

図 6.7　新製品開発の PDPC

Step 2　大骨のアローダイアグラムを作成

基本計画としてのアローダイアグラムを作成する．この段階では，詳細なネットワークを作り上げることは困難なことが多いので，基本ネットワークを作成する（図 6.8）．

Step 3　開発の進捗に合わせ，両者を改訂

進展状況により，何度も PDPC とアローダイアグラムを改訂し，新たなクリティカル・パスを明らかにしていくことを繰り返す（図 6.9）．

図 6.9　PDPC とアローダイアグラムの改訂

活用術　その十九

アローダイアグラムは計画全体が見通せる場合に活用する手法であるが，作成すると，かなり詳細なネットワーク図になる．そこで，作成するアローダイアグラムは，まず"大骨"を中心としたものにする．本事例の手法の組合せが力を発揮する場面は，不確定要因が多く，先が見通せない状況における新製品開発である．最初はラフに作成し，作業が進むにつれ，PDCA とアローダイアグラムを何度も修正しながら詳細なものにしていくのがポイントである．

〈北廣和雄〉

事例19　最短で実施可能な新製品開発プログラムの確立

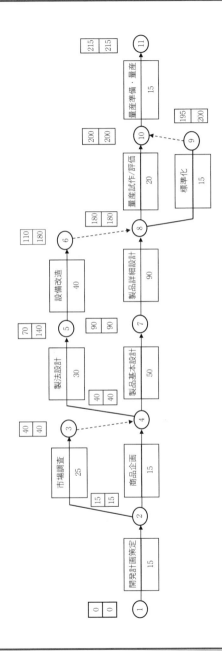

図 6.8　新製品開発のアローダイアグラム

事例20 大規模清掃作業の適切な工程管理の実施

特性要因図で明らかになった原因を効率よく改善するために活用したアローダイアグラムの事例

特性要因図　アローダイアグラム

　ある工程の作業を改善する場合，通常は標準作業手順書や工程表などから問題点を抽出し，改善に繋げる．改善の対象を複数の工程（一つの工場）に広げ問題点を抽出する場合は，その問題（知りたいこと）に応じて適切な手法を活用することで，効率的かつ的確に問題点を抽出することが可能である．

　本事例は，ある大規模な掃除作業の工程を改善した事例である．

　現状は，工程表が複数枚あるが繋がりがわからず，また計画のみの記載で実作業時間がわからないという状況である．

Step 1　ガントチャートの合成

　複数に分割された工程を，作業項目と作業時間，作業時期をガントチャートで整理し，作業の全体像をつかむ（**図6.10**）．

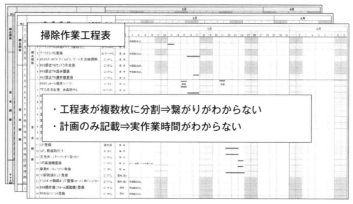

図6.10　現状の掃除作業工程表

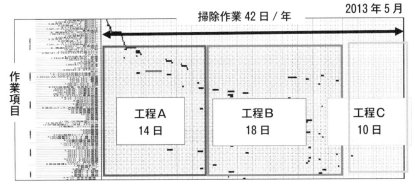

図 6.11　ガントチャートを合成する

Step 2　クリティカル・パスの明確化

　作業の繋がりやクリティカル・パスがひと目でわかるようにするために，アローダイアグラムを作成する．作業項目の重複やクリティカル・パス以外の作業で作業の統合，分離ができるものがないかを検討する．（図 6.12）

Step 3　繰返し作業を改善

　クリティカル・パスに着目し，その作業が長くなる要因を，特性要因図を活用して分析，調査する．そして，関係部署が協同し改善・解決することで，クリティカル・パスを修正する（図 6.13）．

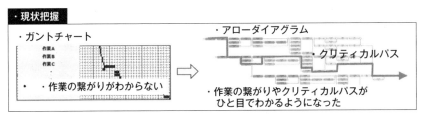

図 6.12　クリティカル・パスを明確にする

第6章　アローダイアグラム法の活用術

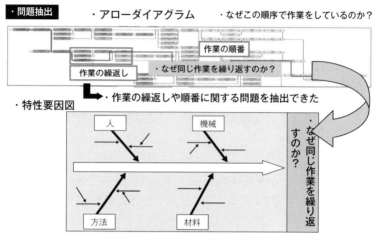

図6.13　繰返し作業を改善する

Step 4　ムダ，ムラの排除

Step 2, Step 3の結果をガントチャートで整理し，作業の組合せによるムダやムラを排除して作り直す(**図6.14**).

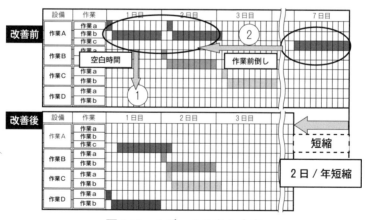

図6.14　ムダ，ムラをなくす

148

事例20　大規模清掃作業の適切な工程管理の実施

Step 5　アローダイアグラムで効果を確認

　最終的に前後のつながりや，時系列的に抜けがないかをアローダイアグラムで確認し，改善効果がわかるように改善前後の比較表を作成する（図 6.15）．

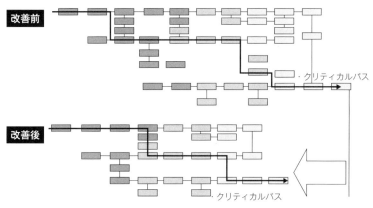

図 6.15　アローダイアグラムで効果を確認する

活用術　その二十

　アローダイアグラムは，作業の前後関係を把握して，効率的に工程を見直し最短で目標を達成することであるが，対象をどの範囲にするかによって改善のポイントや効果の大きさが変わってくる．外段取りや内段取り，作業の並べ替えや統合などの幅広い改善が可能である．

〈神田和三〉

猪原教授のＮ７の真髄⑤　アローダイアグラム法

　系統図法によって目的達成のための手段を展開し，マトリックス図法を併用することで最適手段を選定したとしても，それだけで手段を納期内で確実に実行できるわけではない．場合によって，実施手段としてQCサークルや組織メンバーが実行するのではなく，第三者の援助を必要とする場合もある．

　そのような場合，選定された最適手段を時系列に沿って詳細に展開し，個々の作業に対する必要なリードタイムを見積もることで，選定した手段を納期内に完了できるかどうかを明らかにすることが必要になる．そのような場面で活用される手法として，アローダイアグラム法がある．

　納期内で完了できるとした場合であっても，見積もったリードタイムの確度が低い場合には，その作業を重点管理しなければいけない．また，納期内に完了できないとすれば，作成されたアローダイアグラムにおける直列作業を並列化したり，重点管理パスにおけるいくつかの作業に対してリソースを追加することで，リードタイムを短縮する方法を発想したりする必要に迫られる．

　このような場面で活用されるアローダイアグラム法の真髄は，

- 作成したアローダイアグラムから問題点を発想すること

ということである．アローダイアグラム法と類似の目的をもった手法として，ガントチャート法がある．後者は，QCサークル活動などでも見かける方法なのであるが，先行作業と後続作業の関係や個別作業のリードタームを明確化するプロセスを経て，最適手段の納期内での完了を先読みするとともに，重点的に管理しなければならない工程を明らかにし，必要に応じて対策を検討するためには，アローダイアグラム法が魅力的である．

第7章

PDPC法の活用術

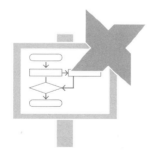

第7章　PDPC法の活用術

7.1 PDPC法の活用

(1) PDPC法とは

PDPC(Process Decision Program Chart)法とは，過程決定計画図といい，事前に考えられるさまざまな事態を予測し，不測の事態を回避し，プロセスの進行をできるだけ望ましい方向に導くための手法である（**図7.1**）．

> **PDPC法のルーツ**
>
> 起源は，近藤次郎氏が考案した意思決定手法であり，過程計画決定図法ともいう．PDPC法を使って一連の手段や活動の流れを明確にすることで，起こりうる事態の予測が事前に可能となる．

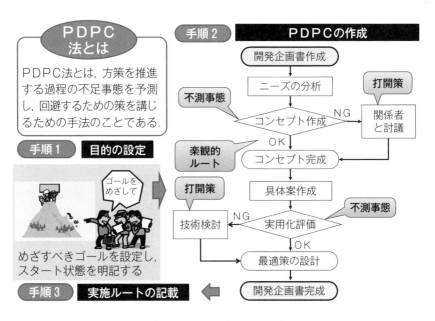

図7.1　PDPC法の概要[1)]

(2) PDPC の活用ポイント

PDPC の活用ポイントは，次のとおりである．

Point 1　好ましくない状態を回避するために活用した PDPC

問題が発生したとき，事態の進展によっては甚大な被害が予想されるものを取り上げて，最悪の事態を回避することを PDPC で検討することができる(**図 7.2**)．

まず，「設備が異常加熱した」という問題の初期状態を設定する．そして，この問題が引き起こす不具合や重大な事象を想定する．

次に，この不具合や重大な事象を回避する対策を考え，致命的な事象を回避できれば「OK」で終わる．しかし，回避できないことが予測される事象については，対応策を考える．このような具合に検討し，二次災害や事故による社会的悪影響が発生しないようにする．

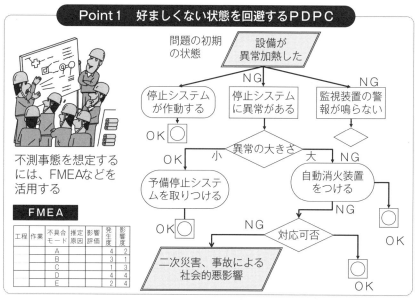

図 7.2　最悪の事態を回避する PDPC の活用[1]

事例21 ユーザーニーズを満たす品質機能展開の実施

ユーザーニーズを具体化しながらQFDに仕上げ新製品開発に活用したPDPCの事例

`PDPC` `QFD`

新製品開発を行う場合に，最初の段階では，お客様の要求品質が十分把握できないことが少なくない．そうするとうまく開発が進まないが，そのときに役立つ方法が，PDPC法とQFDを組み合わせた方法（PDPC－QFD法）である．お客様が本当に望んでいる品質の新製品を，短期間で効率的に開発することが期待できる．

お客様の要求品質といっても，お客様自身が具体化できていない場合もある．そこで試作品を作成し，お客様の評価を受けながら具体化していくが，評価を待ってから次の検討の準備を始めるのでは，開発期間が長くなってしまう．

PDPC・QFD法では，あらかじめ開発における成功ルートと，それがうまくいかないルートを想定しておき，それに備えた準備を行いながら，その途中の時点で要求品質を詳細に具体化させていく．基本的な手順は次に示すとおりであり，図7.3はその進め方を示した例である．

Step 1 初期情報の範囲内でPDPCとQFDを作成

開発当初時点でもっている範囲内の情報をもとに，開発の進展のPDPCを作成する．最初に開発がスムーズに進む基本（楽観）ルートを書き，次にうまくいかない悲観ルートを記入する．

一方で，この段階でのお客様の要求品質をまとめたQFDを作成する．

Step 2 お客様の評価結果をPDPC・QFDに反映

試作品を作成してお客様に提供し，評価を受ける．要求品質をさらに詳細に確認する．この評価結果情報にもとづきQFDを修正し，PDPC

も見直す．

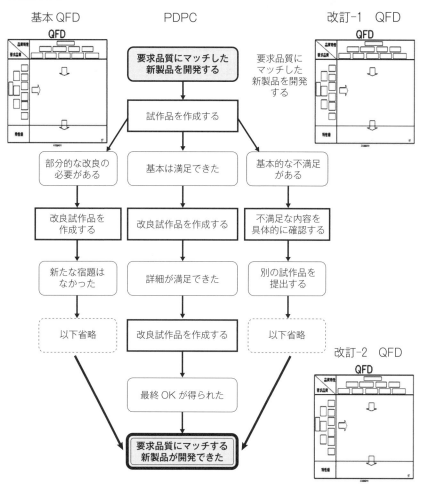

図 7.3　QFD と PDPC を組み合わせた進め方例

Step 3　評価，修正を繰り返す開発の進行

　これを繰り返すことにより，新製品開発していく．PDPCとQFDの両方を常に対にして，修正・追加を加えながら，製品開発を進める．

活用術　その二十一

　新製品開発において，ユーザーの要求品質を"わかったつもり"になり，思い込みでQFDを作りがちである．それでは，本当のユーザーニーズを反映した新製品は開発できない．

　当初のQFDは空欄の多いものになるが，それが普通である．要求品質がまだほとんどわかっていない状況であれば，"わかっていない"という状況が出発点である．開発を成功に導く最適の筋道を進めるため，QFDとPDPCを併用して要求品質を順次把握しながら，顧客折衝や調査を行うことが有効である．

〈北廣和雄〉

事例21　ユーザーニーズを満たす品質機能展開の実施

| 事例22 | 不測事態・トラブルの未然防止 |

マトリックス図と系統図を用い不測事態と打開策の検討に PDPC を活用した事例

`PDPC` `系統図` `マトリックス図`

　システムにおいては，ユーザーにとって単純な機能であっても，多くのハードウェアを接続して膨大なソフトウェアが動いている．そして，これらの設計では，予測される誤操作，故障などに対する未然防止策，自己復帰機能などが組み込まれている．しかし，それが設計意図どおり動作しない場合，あるいは予想外の事態が発生するなど，使用中に不具合が発生することは皆無とはいえない．

　そこで，まれに発生した市場での不具合を再現して対策を講じることが要求される．その現象を再現し，対策をした事例を紹介する．

　これは 1 つの試験項目を試験するのに 1 日，1 週間など長期間が必要となる場合，かつ発生確率の非常に低い内容の不具合の再現テストを実施すると，1 年から数年を余儀なく費やしてしまう事柄を，論理的に絞り込んで効率のよい試験計画を立案するために非常に有効である．

　事例の実施のステップは，次のとおりである．

Step 1　エンドユーザー視点でテーマとゴールを決定

　設計段階でシステムに組み込まれた未然防止策を PDPC で整理する．

　このとき，機能別に着眼してユーザー視点，カスタマー視点での PDPC を作成し，ハードウェアとソフトウェアそれぞれの観点で整理する（図 7.4）．

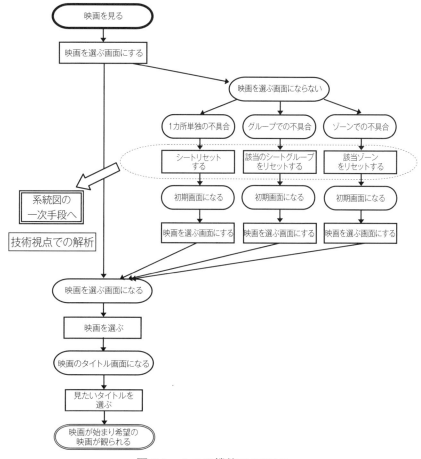

図 7.4　1 つの機能の PDPC

Step 2　想定不具合内容の対策を PDPC から系統図の一次手段へ転記

　PDPC の基本ルートへ戻る対策に着眼し，これを系統図の一次手段へ転記する．

Step 3　想定不具合内容の対策の論理的掘下げ

　技術者の見識でFTAの要領で試験方法まで分解する．

　この対策が設計者の目論見どおりに動作しているかを確認する方法を，技術者の視点で系統的に再現試験方法まで分解する．

　一次手段に対して，FTAを作成する要領で，手段が阻害される故障要因(ハードであれば1つの部品レベルまで，ソフトであれば1つのコマンドレベルまで)掘り下げて，その確認試験方法を考える(**図7.5**)．

　PDPCから抽出した阻害要因から基本ルートへ戻る対策を第一手段に記入し，技術者レベルで系統的に分解して，再現試験方法まで掘り下げ

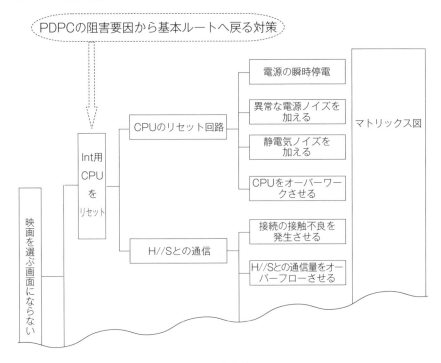

図7.5　阻害要因対策検討系統図とマトリックス図

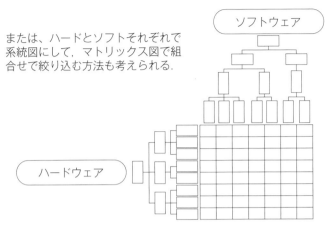

図 7.6　HW／SW系統図とマトリックス図の組合せ

る（**図 7.6**）.

Step 4　マトリックス図で各条件との関連性を評価

それぞれマトリックス図で環境条件，電源条件など共通する条件，試験の容易性などの関連性を評価する．

Step 5　マトリックス図で重みづけをして再現試験を行い検討する順序を決定

以上の結果から，多くの試験条件，確認項目の中から実施順序を決めて再現試験の順序を決定し，効率のよい再現試験を行う．

系統図で掘り下げた項目について，共通する試験条件と試験との関連性・容易性を評価して，試験順序を決定する．

試験の結果，3番目の試験で再現できた．これを解析して対策を実施するとともに，並行して他の条件での再現試験を続行する（**図 7.7**）.

第7章 PDPC法の活用術

系統図からの項目　　　　　　　　試験順序と結果記入欄
　　　　↓　　　　共通する項目　　　　　↓

試験条件	環境条件				電源条件			ソフト			容易度	評価点	試験順序	結果
	低温	高温	温度サイクル	振動	源電圧	過電圧	24時間連続通電	ソフトストレス	ブートアップ					
システムすべての電源の瞬時停電			◎	◎	◎			○	○	◎	26	1	GO
システムすべてに異常な電源ノイズを加える		○		△	○	○		○	△	◎	19	9	GO
システムすべてへ静電気ノイズを加える		○					△	○	△	○	11	20	GO
操作部製品との接続の接触不良の想定　接続・断・接続をする			○	◎			◎	○	○		21	5	GO
操作部製品との接続の接触不良を想定した試験100mmΩを挿入			◎	○	○			○		◎	19	10	GO
操作部の通信をオーバーフローさせる		◎		◎		○		◎		◎	18	11	GO
操作部製品の単独				○									
操作部〜単独								○	△	◎	12	19	GO
中継製品の単独電源 OFF/ON			○	△				○	○	◎	13	16	GO
中継製品へ電源ノイズを加える		○		△	○	○		○			17	13	GO
中継製品のメインCPUをリブート	○	△		◎		○		◎	◎		22	4	GO
中継製品の通信をオーバーフローさせる	○	△		◎		○	△	◎	○		23	3	NG ←
QMUの単独電源 OFF/ON			○	△				○	○	◎	13	17	GO
QMUの電源ノイズを加える		○		△	○			○			17	14	GO
〜インCPUをリブート	○							◎	◎		21	7	GO
〜バーフロー													GO

図 7.7　再現試験のためのマトリックス図

Step 6　再現試験結果の事実に基づく PDPC を作成

　再現試験結果の不具合を技術視点でPDPCに整理して，対策を実施する．図7.8では，再現した不具合を発生させる阻害事象と，それを基本ルートへ戻す対策を立案し実施している．

事例22 不測事態・トラブルの未然防止

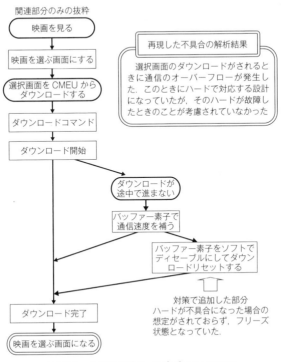

図7.8 対策実施した内容のPDPC

活用術　その二十二

　ソフトウェアのフローチャートはPDPCと似ているが，本事例のように，ソフトとハードを組み合わせたPDPCを作成することが重要である．

　阻害要因の想定は，エンドユーザーの視点とカスタマーの視点の両面から考えることがポイントである．

〈子安弘美〉

事例23　新製品開発における開発予定工期の確保

設計から生産までの所要日数をアローダイアグラムで明らかにし最適な設計手順を導き出すのに活用されたPDPCの事例

[PDPC] [アローダイアグラム]

　新製品の上市寸前に，根本的な不具合が発覚することがある．正式な上市までには，もはや時間が差し迫っている．さまざまな制約条件の中，残された検討時間を正確に把握して期限内に設計を見直し，安定的に生産できることへの担保を取る必要がある．あるいは最悪の場合，不良品を市場に流出させないために，上市を遅らせるという判断をしなくてはならないかもしれない．このような場面で，どう検討を進めてゆくかを，N7手法を用いて考える．

　このようなケースでは，もう一度1から設計を見直すことは納期的に困難であることが多い．幸い不具合現象については過去の経験知があり，どの技術項目を検討すればよいかにはおおよその目処が立っている．そこで，実務上の優先事項を整理し，経験知で可能な対応が何か，どのプロセスが納期の鍵となるのかを，アローダイアグラム法とPDPC法を組み合わせて考えて整理してみる．そのうえで，まずQ，Dの同時達成を最優先とした判断を下すことは，次善の策の一つであると考える．

　本事例は，セロテープ，現行品の粘着剤に使っている原材料の種類や配合を見直し基本設計から量産試作までが無事進んだが，試験生産中に突然，北海道でご試用いただいたユーザーから「低温で粘着テープがくっつかない」という情報が上がってきたという事例である．

　季節は10月も半ば，全国的にも気温は下がってきている．このまま冬を迎えると，不具合が拡大するのは明らかである．しかも現行品の在庫は，設計変更品への切り替え準備のために絞っていて，あと2ヶ月分しかない．よって再設計の検討に許された期間は，長くても1カ月が限界

で，この間に粘着剤が低温でもくっつくように改良を加え，元々の上市期日に間に合わせるにはどうすればよいか．または間に合わないと判断するのであれば，どこかのタイミングで上市を遅らせるという重大な判断しなくてはならない．いったいいつ，それぞれの判断が下せるであろうか．

Step 1　目標の設定

本事例の問題は，北海道のユーザーからの指摘が発端である．対応すべきこと，すなわち目標は「低温の粘着性能を上げる」ことである．

Step 2　現実の前提条件の把握

まず，検討すべき技術課題を PDPC に整理する．ここでは話を単純にするため，粘着剤は「エラストマー(ゴム状の物質)」と「樹脂」の2成分で設計されていることとした．技術課題検討の実験に際しては，試作実験には1日，試作品の評価には3日間がかかる．つまり，1回の実験で合計4日間かかる場合を考える．

Step 3　技術検討による課題の打開策の決定

粘着剤の低性能を上げるために，担当技術者は Tg と呼ばれるガラス転移温度を下げる設計をめざすことに決めた(※ガラス転移温度とは，大まかにいえば，ゴム状の弾性をもった粘着剤が，カチカチの固体になってしまう境目の温度のこと)．

Step 4　可能な検討内容の流れ(うまく対策できた場合のルート)の決定

図 7.9 に，考えられる「うまくいった場合」の実験検討の流れを整理

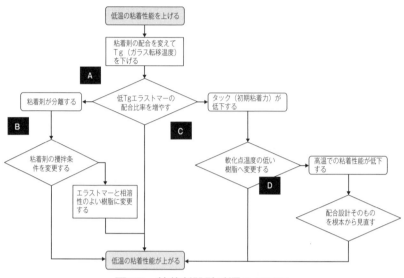

図7.9 粘着剤設計手順の PDPC

する．ここでは過去の技術的経験知を活用する．実験の枝分かれ状況にもよるが，過去の知見から，担当技術者は，まずTg温度の低いエラストマーを選択することから検討を始めた(検討A)．

Step 5　うまくいったとき，いかなかったときのそれぞれの対応の考案

　最初に手を打った検討Aで，ねらいどおりに低温性能が改善されたとする．しかし現実には，こうした検討の結果，往々にして別の特性が低下することがあるので，十分に注意を払う必要がある．対策検討のときには，PDPCを活用して，いわゆるトレードオフなどの関係にも留意し，経験知を活用しながら仮説を立て，技術検討を進めるとよい．粘着剤の場合，Tgを下げたエラストマーについて，配合比率を増やすと樹脂との相溶性が悪くなって粘着剤が分離しやすくなるリスクがある．あるい

は粘着剤が硬くなりすぎてべたつき感(タック＝初期粘着力)が低下し，初めから粘着テープがくっつきにくくなるかもしれない．この２つの検討事項について，さらに経験知をもとに，「粘着剤の撹拌条件を変更する(検討Ｂ)」，「軟化点温度の低い樹脂へ変更する(検討Ｃ)」といった対策を立てて検討を進める．

Step 6　完成したPDPCの全体像を見て，各ルートの対応納期の考案

　検討Ａ～検討Ｄまで，技術課題４つについての試作評価が必要になるルートを予測した．検討Ａ，もしくは検討Ａ→検討Ｂと単純に進めば，各検討にそれぞれ４日間かかるとしても，配合決定後に試験生産や初期流動期間に必要な期間である14日間を除き，２日間の生産条件の検討を含めても，改良品でのリカバーが間に合いそうである．しかし，反対側のＣやＤの検討になった場合はどうなるか．その場合の納期については，今度はアローダイアグラムを用いて所用日数と納期との関係を見える化して考える．

Step 7　前提条件の確認と，制約条件となる日数の整理

　問題が発覚した時点では，試験生産を行った工場は通常生産を実施していた．工場ではオーダーと在庫量の状況に合わせ，すでに２週間先までの工程が組まれている．２週間後に設備を止め，再設計した粘着テープを生産するために必要な段取りを，アローダイアグラムの幹としてまず整理した(**図7.10**)．設備の条件変更に２日(②)，再設計した粘着テープの試験生産・評価に７日(⑨)，在庫備蓄のための生産にも，同じく７日(⑩)かかることから，合わせて30日が必要となることがわかる．

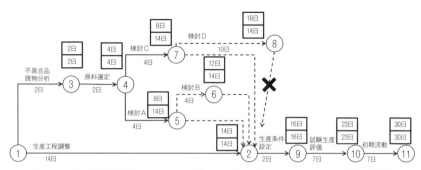
図 7.10　各技術検討にかかる日数と工場生産までにかかる時間の関係

Step 8　各工程に予測される必要日数を記入

　図7.10から，生産工程調整に必要な①→②までの14日間で，粘着剤の低温性改良が終わるかどうかがポイントであることがわかる．それぞれの検討ルートごとに，必要日数を整理して記入する．まず検討Aを見ると，そのままうまくゆけば，必要日数は8日間なので，問題ないことがわかる(⑤)．検討Aの結果，予想外にエラストマーと樹脂の相溶性が悪く，検討Bまで必要となったとしても，必要日数は12日間であり，クリティカル・パスに示される14日間(②)にはまだ2日間の余裕がある．

　一方で，タックが低下してしまった検討Cの場合を見ると，良好な評価結果が得られれば，こちらも8日で再設計が終了することがわかる(⑦)．

　しかし，検討Cの結果が思わしくなく，検討D，つまり配合設計そのものを根本的に見直さなくてはならなくなった場合(⑧)，その試作評価には10日間が必要と見込まれるので，検討が終わるまでに14日間を要すること，これ以上の日程短縮もできないことが，図7.10からわかる．これでは，①→②までの生産工程調整にかかる14日間を4日間超えてしまうので(⑧→②)，期日内に検討Dを実施するのかは不可能なことがわ

かる.

Step 9　上市を遅らせる判断タイミングの明確化

Step 8 より，このままの体制で，検討A，検討Bともうまく行かず，検討CもNGと判明した時点，つまり⑦の14日目が，上市判断のタイミングとなる．ここで上市を遅らせるか，または図7.10の⑦→⑧のプロセスをあと2日間短縮できるように，追加の経営資源を投入するなどの対策を考えるのが，この部署のマネージャーが判断すべきポイントとなる．

活用術　その二十三

　実際の事象や技術検討内容は，本事例のように単純でははないかもしれないが，鍵となる重要な工程や技術課題について，複数ある選択肢の流れを，PDPCを用いてまず整理してみることと，各検討にかかる日数をアローダイアグラムに実際に記載して見える化していくことにより，切迫した状況下でも冷静な判断ができる．

　このように，品質管理のためだけではなく，経営判断を伴うような検討の際にも，情報を見える化して皆で共有し，解決策を見いだすために，N7手法を活用してほしい．

〈飯塚裕保〉

猪原教授のＮ7の真髄⑥　PDPC法

　私たちが考えた問題解決のシナリオは，成功シナリオと呼ばれ，すべての事柄がうまく行った場合のシナリオになっている．しかし，現実には，そのシナリオどおりに物事が進むわけではない．そのような場合に，実現性の高い別ルートを事前に検討し，シナリオ外の事柄の発生に対して備えるための方法として，PDPC法がある．

　例えば，QCストーリーでは，「テーマの選定→現状の把握→目標の設定→要因の解析→対策の検討と最適策の選定→最適策の実施→効果の確認→歯止めと標準化」というシナリオがあるが，「現状の把握」において期待したとおりに把握ができるとは限らない．場合によっては，すでに得られているデータのみでは問題の現状を十分に把握できず，新たな実験データや調査データを収集する必要性に迫られるかもしれない．また，対策の検討を行った結果，効果のありそうな手段は実現性が低いかもしれない．このような場合，QCストーリーに沿った問題解決を納期内に完了するため，それぞれのステップにおいて発生する可能性のあるリスクを明らかにし，それらに備えることが求められる．

　「まだ起こっていないことを想定するなど，できるのか？」と思われるかもしれないが，読めなくても当然なのである．PDPC法は，事態の進捗に伴って数手先を読み切り，問題解決を成功に導くシナリオを作成する手法なのである．囲碁や将棋において，第1手目で最後まで読み切ることなどできないが，数手先までなら読み切ることができるものである．PDPC法の真髄は，

- 「転ばぬ先の杖」として，「数手先を読み切ること」

ということである．それによって，参加者全員が適切な役割分担を，責任をもって全うできるようになる．

　問題解決において，先を読み切れず変化の多い営業・販売・サービス部門や研究・開発・設計部門の方々にぜひ活用してほしい手法である．

第8章

マトリックス・データ解析法の活用術

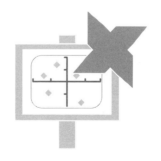

第8章 マトリックス・データ解析法の活用術

8.1 マトリックス・データ解析法の活用

(1) マトリックス・データ解析法とは

　マトリックス・データ解析法とは，複雑に絡み合った問題の構造を解明するため，問題に関係する特性値間の相関関係を手がかりに少数個の総合特性を見つけ，個体間の違いを，明確にする要約の手法である（図8.1）．

> **マトリックス・データ解析法のルーツ**
>
> 　マトリックス・データ解析法は，多変量解析法の「主成分分析法」そのものである．主成分分析法はQC手法として比較的活用の機会が多いと考え，少しでも馴染みやすい名前にしようということで「マトリックス・データ解析法」と名付けて新QC七つ道具の一手法にしたものである．

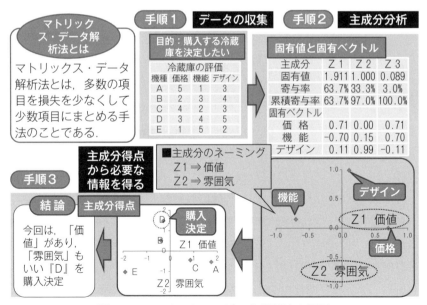

図8.1　マトリックス・データ解析法の概要

(2) マトリックス・データ解析の活用ポイント

マトリックス・データ解析の活用ポイントは，次のとおりである（図8.2）．

Point 1　取り上げる主成分の目安

固有値とは，新しい評価尺度（主成分）それぞれが，全体の情報量（ばらつきの大きさ）のうち，どのくらいのパーセントを占めているか（寄与率）を表している．一般的に，取り上げる主成分は，累積寄与率が70〜80％以上で，固有値が1以上を目安にする．

Point 2　主成分のネーミング

各主成分と元の評価尺度との相関係数を計算したものを因子負荷量という．この値は，各主成分が元の各変数とどれくらい強く関わっているかを示すものである．ここで，新たに取り上げた第1主成分と第2主成分のネーミングを行う．

主成分のネーミングは，主観的に行われるが，手がかりとなるのは，主成分を構成している固有ベクトルや因子負荷量の大きさと符号である．

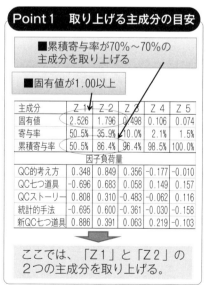
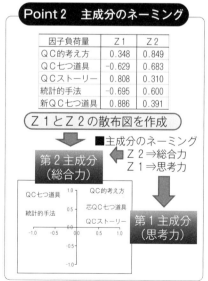

図8.2　マトリックス・データ解析の活用ポイント

事例24　売れ筋商品の市場調査

親和図で明らかにしたニーズにより効果的な解析を行ったマトリックス・データ解析の事例

　マトリックス・データ解析　　親和図

　マトリックス・データ解析法と親和図法を使ったアンケート解析法を紹介する．解析対象について直接的に数値データがとれないような場合や，アンケート調査を行う場合の項目をどのように設定すればよいかが不明確なときに，言語データの収集からマトリックス・データ解析法の適用までを連携して解析を行う．

　解析のステップは，次のとおりである．

Step 1　言語データの収集と親和図の作成

　アンケート調査の解析対象についての言語データを集める．解析対象についての事実やあるべき姿，そこからイメージされる事柄などを言葉で表現する．

　親和図法により，親和カードから上位概念を構築する．個々の言語データから全体像を把握する．

Step 2　アンケートの作成と調査実施と結果整理

　上位の親和カードからアンケート項目を作成し，アンケート調査する．

　調査結果を数値化して，マトリックス・データを得る．アンケート項目の選択肢に数値を対応づける．例えば，5段階評価の場合，「大変よい」を2，「よい」を1，「普通」を0，「悪い」を−1，「大変悪い」を−2などとする．

Step 3　マトリックス・データ解析の実施

　マトリックス・データ解析法により，主成分を抽出し，項目間の特徴

を把握する.

図 8.3 では，ある会社の受付業務の例を図に示す．受付の担当者が日頃感じていることなどを言語データとして，親和図法を使って受付業務のあるべき姿を検討している.

上位の親和カードに基づいてアンケート項目を作成し，お客様へアンケート調査する．調査結果のデータに，マトリックス・データ解析法を適用し，主成分の解釈を行う．親和カードなどの対応をよく見て，主成分 1 を「総合特性」，主成分 2 を「迅速さ」とネーミングした.

本事例では，調査結果を数値化して，マトリックス・データ解析法を適用することで，お客様から見た受付業務の評価とその特徴を明らかにした．主成分得点の散布図を作成し，アンケート項目の解釈を行うと，

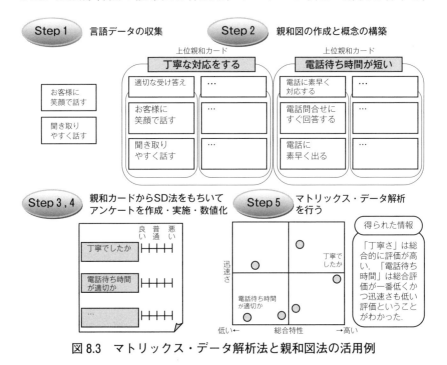

図 8.3 マトリックス・データ解析法と親和図法の活用例

「丁寧さ」の項目は総合的に評価が高いという結果であり，「電話待ち時間」の項目については，総合評価が一番低く，かつ迅速さも低い評価ということがわかった．

活用術　その二十四

　アンケート調査を行う場合，アンケート項目をうまく決めることが大切である．個々の意見にとらわれすぎず，抜け・落ちを減らすために，親和図法を活用し項目決めを行っている．また，アンケート結果を数値化し，多変量解析を行うことで，データの背後に存在する情報を効果的に得ている．

〈山来寧志〉

事例24　売れ筋商品の市場調査

事例25 市場における商品情報の把握

パレート図による市場分析を効果的に行うために活用されたマトリックス・データ解析の事例

　マトリックス・データ解析　　パレート図

　市場にはさまざまな商品が販売されており，それらに関して多種多様な数値データがある．種類やサンプル数が多い場合，そのデータからどのように情報を取得すればよいか，何から解析すればよいかを迷うことがある．

　ここでは，製品に関する多変量のデータについて，マトリックス・データ解析法を適用し，パレート図を用いて重点指向することで，市場の情報を得る方法を紹介する．

Step 1　多変量の数値データの収集

　自動車に関するデータの解析例を示す．2012年頃に販売されたハイブリッド車について，メーカー，車種，全長，全幅，燃費および排気量の項目を47件のサンプルを調査し，まとめたのが**表8.1**である．

表8.1　データ表（単位は省略）

No.	メーカー	車種(型)	全長	全幅	燃費	排気量
1	○○○	SE	4910	1860	14.6	2979
2	□□□	SE	5070	1900	10.0	4394
3	△△△	SE	5210	1900	9.3	4394
14	○□○	PU	4460	1745	35.5	1797
15	□△○	TU	4800	1945	13.8	2994
16	○△○	FI	4410	1695	30.0	1339
17	○△○	FI	3900	1695	30.0	1339
46	□□○	FG	4945	1845	19.0	3498
47	□□○	FG	4945	1845	19.0	3498

Step 2　マトリックス・データ解析の実施

マトリックス・データ解析法を適用して得られた第 1 主成分と第 2 主成分をグラフにしたものを**図 8.4** に示す．

第 1 主成分(横軸)は「車の車種区分」，第 2 主成分(縦軸)は「車の縦横」と解釈できる．例えば，No.15のサンプルは，大型車で縦長の傾向があると読みとれる．No.14のサンプルは，サンプル中での位置づけとして車の車種区分は平均的な「普通車並」であるが，他のサンプルより

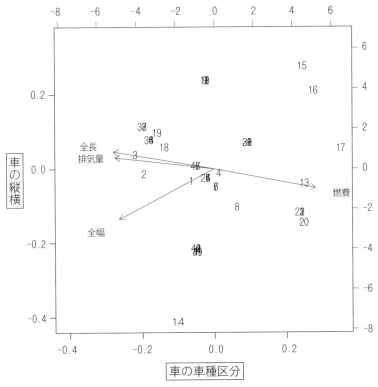

図 8.4　事例の第 1 主成分と第 2 主成分の主成分得点グラフ

も横に長い傾向があるとわかる.

Step 3　パレート図の作成

次に，各車種の販売台数についてのパレート図を作成する．図 8.5 に示すように，No.13・No.16 と No.17 のサンプルが，年間の販売台数が多かったことがわかる．ここで得られた情報を第 1 主成分と第 2 主成分のグラフ（図 8.4）に加える．売り上げ上位のサンプル（3 種）に丸印を描き加えた（**図 8.6**）．この年の自動車は，「燃費がよく，車の縦横の大きさは小さめの車種」がよく売れたと一目でわかる．2012 年度は経済産業省の「新エコカー補助金」制度が実施された年であり，燃費を重視した自家用車の買い換え需要を反映した結果だと解釈できる．

このように，表 8.1 の数値データを眺めていても全体の情報を把握することは難しいが，主成分に情報を集約しグラフに表現することで，理解しやすくなる．

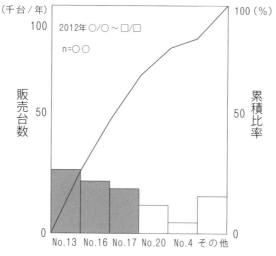

図 8.5　事例の販売台数のパレート図

事例25　市場における商品情報の把握

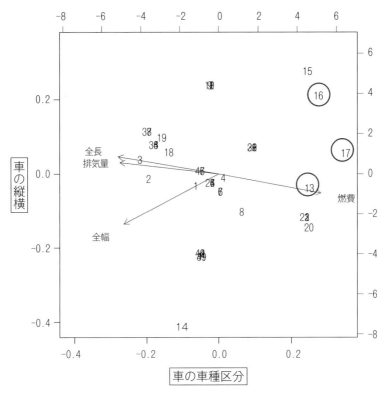

図8.6　売り上げ上位のサンプルに印をつけた主成分得点グラフ

活用術　その二十五

　多数の数値データを得たときに，効果的に情報を得たい．マトリックス・データ解析法により多数のデータを解析した結果と，パレート図により重点指向した結果を組み合わせて活用している．各手法を単独で用いるだけでなく，解析結果を組み合わせるという視点をもつことが大切である．

〈山来寧志〉

事例26　受講者レベルに見合った研修の企画

受講者アンケートの結果から今後のQC研修のあり方を見える化するために活用したマトリックス・データ解析の事例

マトリックス・データ解析

　この事例は，研修の受講者にテストを行い，その結果からマトリックス・データ解析を行い，受講者ごとに最適な個別コースを検討したものである．

　解析のステップは，次のとおりである．

Step 1　データの収集と主成分の抽出

　30人の社員にQC関係のテストを行った．得点は100点満点とし，「QC的考え方」「QC七つ道具」「QCストーリー」「統計的手法」「新QC七つ道具」の5つのテストを実施した．

　上記のテスト結果からマトリックス・データ解析を行い，固有値と寄与率を求めた．取り上げる主成分は，累積寄与率が86.4％を占める第1主成分と第2主成分とした(図8.7)．

　第1主成分は，「QC的考え方」「QCストーリー」「新QC七つ道具」の因子負荷量が「＋」であり，「QC七つ道具」「統計的手法」の因子負荷量が「－」であることから，「思考力」と名づけた．第1主成分は，＋側にいくほどQCに関するマインドが身についていると評価でき，－側にいくほど手法に対するスキルが身についていると評価することができた．

　第2主成分は，すべての評価項目の因子負荷量が「＋」であるので，「総合力」と名づけた．

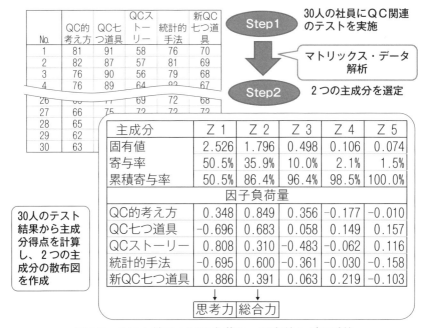

図8.7 テスト結果と因子負荷量,固有値などの計算

Step 2　主成分スコアから新たな研修の提案

　30人のテスト結果から主成分スコアを計算し,第1主成分(思考力)と第2主成分(総合力)の2軸で散布図を作成した.

　この散布図から,社員の能力レベルを6つのグループに分けた.Aグループは,マインドとスキルともに高いレベルである.B,C,Dグループは,普通のレベルであり,Bグループはマインド,Dグループはスキルのレベルがついているようである.Eグループのレベルは低いものである(**図 8.8**).

　以上の結果から,社員のレベルに応じた研修プログラムをつくることにした.

第8章 マトリックス・データ解析法の活用術

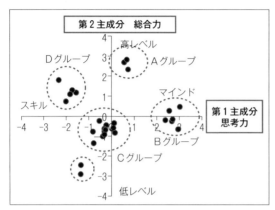

図8.8 主成分得点と今後の方針[2)]

活用術 その二十六

　研修時のテスト結果などからマトリックス・データ解析を行うことによって，今後のきめ細かなフォロー研修内容を提案することができる．その際，いろいろな角度から評価できるテスト内容が必要であり，テストで評価しにくい項目については，アンケート形式によるもので補完するのも一つの方法である．

〈今里健一郎〉

事例26　受講者レベルに見合った研修の企画

事例27 商品情報による企業力評価の実施

イメージで理解して，正しい活用のポイントを把握したマトリックス・データ解析の事例

マトリックス・データ解析

　新QC七つ道具の生みの親である故納谷名誉教授が，「情報化時代に向けて，これからは多くのデータが得られるようになる．そのデータの内容構造を把握するためにも，またマトリックス図法とも関係があることなどから，新時代の手法として，主成分分析を是非QC手法に加えたい」と言われ，今後の適用の場が大いに期待できる主成分分析を，馴染みやすい「マトリックス・データ解析法」と名づけて，新QC七つ道具の一つの手法とされた．

　マトリックスデータ解析は，複雑に絡み合った問題の構造を解明するために，問題に関係する特性値間の相関関係を手がかりに少数個の総合特性を見つけ，個体間の違いを明確にする要約の手法である．非常に便利な手法であるが，数式展開が難しく，Ｎ7での積極的な活用はまだ少ない．そこで，マトリックスデータ解析の数式展開は詳しくわからなくても，どのようなことをしているのか，またどのような効用があるのかをイメージで正しくとらえ，実際に正しく活用するためのポイントを解説する．本事例では，以下マトリックス・データ解析を主成分分析とする．

Step 1　主成分分析の効用をイメージで理解

　図8.9は，主成分分析がどのような手法なのかを示したイメージ図である．図8.9の左側の表は，縦に衣料品の用途，横にはその用途が必要とする品質特性が示されている．各用途と各品質特性との升目に1が入っていると，その衣類の用途が必要な品質特性であり，0が入っているとその品質特性を特に必要としないことを示している．右側の図はこの

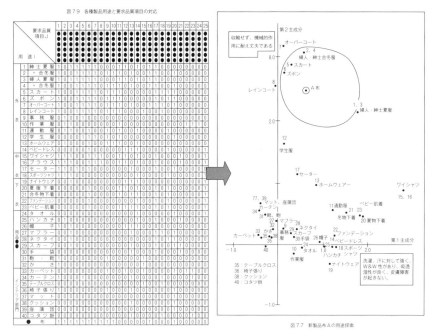

図 8.9 主成分分析の効用のイメージ図

左側の表の数値データから主成分分析を行って得られた結果の図である．すなわち，左側の表のような各衣料品が必要とする各品質特性をまとめると，最初に，洗濯や汗に対して強く，W＆W（ウォッシュアンドウェア）性や吸透湿性があり皮膚障害が起きないことが必要な特性と導かれ，その傾向の度合いが右側の図の横軸に表されて，右に行くほどその必要度は強くなることを示している．

次に，収縮せずに機械的作用に強いことが2番目に必要な特性となり，その傾向の度合いが縦軸に表され，上に行くほどその程度は高くなる．このようにまとめられた品質特性の横軸と経軸に対して，各衣料用途がどのような位置づけになるかを示したのが，主成分分析の結果の図であ

る．この図から，Yシャツやベビー肌着，夏物下着は，洗濯や汗に対して強く，W＆W性や吸透湿性があり皮膚障害が起きないことが必要であり，またオーバーコートや婦人・紳士合冬服は，収縮せずに機械的作用に強いことが必要であることがわかる．すなわち，主成分分析は，表に示された衣料品の多くの品質特性間の関係を総合的に解析して，意味する度合いの大きい品質特性から順に，図の軸に表していき，どの衣料品用途がどのような品質特性を必要としているかを見やすくするものである．元の多くの品質特性から少数個の品質の総合特性に要約して，元のデータがもっている特徴の大部分を見やすい新しい図に表せるところに特長がある．つまり，「たくさん項目があるが，一言で表すならば○○である」としたいときに活用できる手法である．

では，実例を通して，主成分分析の概念を，数式と図の併用によりさらに理解できるように解説する．

Step 2　実例による主成分分析の概要把握

(1)　主成分分析の考え方を概念として理解

ある販売業種の企業力を評価する特性として，x_1：販売力，x_2：商品力，x_3：仕入生産力，x_4：資金調達力，x_5：組織管理力，x_6：宣伝PR力の6つの特性（行方向）を取り上げ，A～Oまでの15の企業（列方向）について評価して，表8.2のデータが得られたとする．このような行と列に配列したデータをマトリックス・データと呼ぶ．マトリックス・データとは，表8.2のように，行と列の関連を，あらかじめ定められた評価基準により定量化したもの，あるいは具体的な財務指標の数値で示したものである．そして，I～Oまでの企業は，残念ながら倒産してしまったとする．さて，どのような企業は安泰で，倒産する企業はどのような特徴があるのか，表8.2のデータから新しい総合特性値を導き，各企業の

ポジショニングを行って，倒産企業群はどのような布置になるのかを捉えたいときに，主成分分析を用いる．

ところで，ある評価特性は10点満点で，他の評価特性は100点満点なら，特性の単位により特性の分散や特性間の共分散の大きさは異なってくる．

表8.2　A～Oまでの企業力評価データ

企業	販売力 x_1	商品力 x_2	仕入生 x_3	資金調 x_4	組織管 x_5	宣伝PR x_6	C
A	5(1.690)	5(1.240)	3(0.538)	3(0.000)	3(0.000)	4(0.510)	1
B	3(0.055)	5(1.240)	2(-0.471)	3(0.000)	3(0.000)	5(1.602)	1
C	3(0.055)	5(1.240)	1(-1.481)	2(-1.000)	1(-1.468)	5(1.602)	1
D	5(1.690)	4(0.576)	4(1.548)	5(2.000)	4(0.734)	4(0.510)	1
E	4(0.872)	4(0.576)	3(0.538)	4(1.000)	4(0.734)	4(0.510)	1
F	4(0.872)	3(-0.089)	4(1.548)	4(1.000)	4(0.734)	3(-0.583)	1
G	3(0.055)	2(-0.753)	2(-0.471)	2(-1.000)	1(-1.468)	5(1.602)	1
H	2(-0.763)	2(-0.753)	2(-0.471)	3(0.000)	2(-0.734)	3(-0.583)	1
I	2(-0.763)	1(-1.417)	3(0.538)	3(0.000)	5(1.468)	3(-0.583)	2
J	4(0.872)	1(-1.417)	3(0.538)	3(0.000)	5(1.468)	3(-0.583)	2
K	2(-0.763)	4(0.576)	2(-0.471)	3(0.000)	3(0.000)	3(-0.583)	2
L	2(-0.763)	4(0.576)	1(-1.481)	2(-1.000)	2(-0.734)	2(-1.675)	2
M	2(-0.763)	4(0.576)	1(-1.481)	1(-2.000)	1(-1.468)	3(-0.583)	2
N	2(-0.763)	2(-0.753)	3(0.538)	4(1.000)	3(0.000)	3(-0.583)	2
O	1(-1.581)	1(-1.417)	3(0.538)	3(0.000)	4(0.734)	3(-0.583)	2

表8.3　表8.2の規準化データの分散・共分散行列（相関行列）

	販売力 x_1	商品力 x_2	仕入生 x_3	資金調 x_4	組織管 x_5	宣伝PR x_6
販売力 x_1	1	0.3932	0.4994	0.4673	0.2572	0.4169
商品力 x_2	0.3932	1	-0.3321	-0.0949	-0.4178	0.4111
仕入生 x_3	0.4994	-0.3321	1	0.8654	0.7938	-0.0578
資金調 x_4	0.4673	-0.0949	0.8654	1	0.6814	0.0000
組織管 x_5	0.2572	-0.4178	0.7938	0.6814	1	-0.2863
宣伝PR x_6	0.4169	0.4111	-0.0578	0.0000	-0.2863	1

今回はいずれも5点満点であるが，単位の影響をなくすために，各特性のデータxを$x_i = (x - \bar{x})/s_i$と変換し，表8.2のA〜Oから15社の評価点（5段階評価で得点が高い程好ましい）について，特性ごとにその評価点を平均0，分散1になるように規準化する．そして，規準化したデータ全体の行列をXとおくと，Xは，企業数がnで，特性の数がpの$n \times p$のデータになる．この全データが持っている全情報量を考えると，全情報量はデータXの広がりに相当し，Xの分散・共分散行列$X^TX = R$がこれに相当する．規準化されたデータの分散・共分散行列は相関行列になることから相関行列Rと表せる．表8.3が，表8.2から導かれた相関行列Rであり，すなわちRは，表8.2が有している6つの項目間の関連を示している．

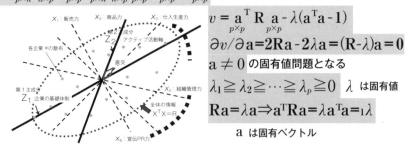

図8.10 特性間の相関構造から主成分分析法により総合特性値を導く過程

一般的に，主成分分析のはじまりは，この R から出発する．次に，図8.10で示すような数式の展開と概念図で，この R から，総合特性値 Z，すなわち新しい主成分を導く過程を解説する．R から取り出す新しい総合特性値 Z を元の各特性との任意な係数 a との線形結合にして，

$$Z = a_1x_1 + a_2x_2 + \cdots + a_px_p = a^TX$$

とおく．そして，R のもっている情報を，できるだけ Z で抽出することを考える．

図8.10 の下のグラフのように，企業15社は元の特性値6次元の空間上に，それぞれ散布している．主成分分析は，この企業の散布状態を眺めて，もっとも企業がばらついている方向が一番意味のある新しい総合特性値と考えて，主成分1の方向軸を探すのである．一般的には，企業の散布状態は，図8.10 のような楕円体に広がっている．したがって，一番企業がばらついている方向は，この楕円体の長軸の方向になり，これが Z_1 の主成分1となる．次いで，Z_1 と関係がなく，Z_1 と直交していて二番目にばらついている方向軸が主成分2の Z_2 となる．以下このような順で，$Z_3 \sim Z_p$ と新しい主成分，すなわち新しい総合特性値を導いていくのである．

そこで，Z のばらつきとして，Z の分散・共分散行列 $v = Z^TZ$ を考える．この式に，$Z = a^TX$ を代入し，この $v = Z^TZ = a^TX^TXa = a^TRa$ が最大になる a を求めることを考える．ここで，a に制限がないといくらでも v を大きくできるので，a の平方和が1になる $a^Ta = 1$ という制限を与えて，v の最大化を考えるのである．すなわち，$a^Ta = 1$ という条件を v に入れて，$v = a^TRa - \lambda(a^Ta - 1)$ が最大になる a を求める．そこで，v を a で偏微分すると，$\partial v/\partial a = 2Ra - 2\lambda a = 2(R - \lambda)a = 0$ となる．結局，$a \neq 0$ だから $|R - a|$ の固有値問題に帰着する．この固有値問題の固有方程式は p 次元の方程式となるが，R は正則の対称行列であ

るから，p 個の固有値解がすべて正である $\lambda_1 \geqq \lambda_2 \geqq \cdots \geqq \lambda_p \geqq 0$ の固有値が導ける．各固有値 λ に対する各固有ベクトル $\mathbf{a}$ は，例えば，第 1 主成分にあたる固有値 λ_1 の固有ベクトル $\mathbf{a}_1$ ならば，$\mathbf{R}\mathbf{a}_1 = \lambda_1 \mathbf{a}_1$ なる連立方程式から導くことができる．そして，この $\mathbf{a}_1$ が，図 8.10 で示した第 1 主成分 Z_1 の元の特性との方向余弦（元の特性との幾何空間における方向角度）を示すことになる．

以上をまとめると，A～O の15の企業は，図 8.10 の主成分分析の考え方の概念図のように，特性項目 $x_1 \sim x_6$ の 6 次元空間上に各企業の各特性評価点に応じて散布すると，楕円体のように広がる．この楕円体の形と大きさを表すものが分散・共分散と考えてよい．楕円体の広がりを分散・共分散で捉えて，15の企業の違いを一番捉えられる新しい総合特性値 Z_1（Z_1 の軸に企業を射影したときにその分散が 1 番大きくなる）の軸を見つけ，その軸を第 1 主成分とする．第 2 主成分は，第 1 主成分とは関係がなく，二番目に企業の違いがわかる総合特性値として第 2 主成分の Z_2 軸を求めるのである．

(2) 実例を通じて主成分分析の結果を習得

表 8.2 において，C：カテゴリー 1 は健全企業，カテゴリー 2 は倒産企業を示す．この表 8.2 の企業力評価データから，事例を通じて主成分分析の結果の見方について解説する．表 8.3 の相関行列 $\mathbf{R}$ から，主成分分析を用いて，新しい各総合特性値（主成分）とそれぞれ対応する固有値を求める．この固有値は新しい各総合特性値が持つ情報の大きさを表し，固有値の大きさは，図 8.10 の概念図で説明した企業の違いが捉えられる各主成分軸の大きさの順に対応する．表 8.4 に導かれた固有値を示す．

全体の情報，すなわち固有値の和は，分散 1 である特性を 6 項目用い

表8.4 固有値の表

主成分 No.	固有値	寄与率(%)	累積(%)
第1主成分 Z_1	2.903	48.38	48.38
第2主成分 Z_2	1.889	31.48	79.86
第3主成分 Z_3	0.595	9.91	89.77
第4主成分 Z_4	0.324	5.41	95.18
第5主成分 Z_5	0.227	3.78	98.96
第6主成分 Z_6	0.062	1.04	100.00
計	6.000	100.00	100.00

ているので6である．表8.4より，第1主成分 Z_1 と第2主成分 Z_2 だけで，全体の情報に対して，4.792/6.000 = 0.79866 …となり，約80%の情報を含んでいることがわかる．第3主成分からの固有値は1より小さく，以下の値は大きく変わらないので，今回は解釈の対象にしないことにする．

また，求まった各主成分の固有値に対して出てくる固有ベクトルを**表8.5**に示す．この固有ベクトルに各固有値の平方根を乗じると，各主成分の主成分負荷量になる．この結果を示したのが**表8.6**である．主成分負荷量は元の特性項目と新しく求めた主成分の合成変量（新しい総合特

表8.5 固有ベクトルの表

	第1主成分	第2主成分	第3主成分	第4主成分	第5主成分	第6主成分
販売力 x_1	0.2925	0.5509	-0.1442	-0.6766	-0.2371	-0.2759
商品力 x_2	-0.1951	0.5666	-0.6244	0.2916	0.2844	0.2917
仕入生 x_3	0.5692	0.0276	0.1050	0.0161	-0.2470	0.7765
資金調 x_4	0.5265	0.1241	-0.0971	0.6351	-0.2639	-0.4743
組織管 x_5	0.5194	-0.1721	-0.0635	-0.1454	0.8152	-0.1038
宣伝PR x_6	-0.0735	0.5742	0.7515	0.1799	0.2601	0.0109

表8.6 主成分負荷量の表

	第1主成分	第2主成分	第3主成分	第4主成分	第5主成分	第6主成分
販売力 x_1	0.4983	0.7571	-0.1112	-0.3855	-0.1130	-0.0689
商品力 x_2	-0.3324	0.7787	-0.4815	0.1661	0.1355	0.0728
仕入生 x_3	0.9698	0.0379	0.0809	0.0092	-0.1177	0.1939
資金調 x_4	0.8970	0.1705	-0.0749	0.3618	-0.1258	-0.1184
組織管 x_5	0.8850	-0.2365	-0.0490	-0.0828	0.3885	-0.0259
宣伝PR x_6	-0.1252	0.7891	0.5795	0.1025	0.1239	0.0027

性値)との相関関係を表す．したがって，数字が正で大きいほど特性項目と主成分変量間との関係が正で強く，負で大きいと逆の関係で強いことを示す．

表8.6の主成分負荷量から，新しい合成変量がどのような意味をもつかを検討した．第1主成分に関係が大きい変数は，＋の方向で仕入生産力 x_3, 資金調達力 x_4, 組織管理力 x_3 である．よって，第1主成分 Z_1 は＋の方向ほど企業の基礎体制ができていることを表す軸であるといえる．また，第2主成分 Z_2 について，関係が大きい変数は，＋の方向ほど宣伝PR力 x_6, 商品力 x_2, 販売力 x_1 である．したがって，第2主成分 Z_2 は＋の方向ほど企業がアクティブに活動している軸といえる．すなわち，表8.2の企業力評価のデータ構造は，企業の基礎体制軸とアクティブ活動軸とで約8割のことが示せることがわかる．

次に，求められた表8.5の固有ベクトルと各企業の表8.2の規準化データとの積和から，各企業A～Oの新しい総合特性軸 Z_1 と Z_2 における各主成分得点が導ける．すなわち，企業の規準化した各特性の値は x_1 ～ x_6 なので，各企業の第1主成分 Z_1 と第2主成分 Z_2 の得点は次式で求まる．

$$Z_1 = 0.2925 x_1 + (-0.1951) x_2 + 0.5692 x_3 + 0.5265 x_4 + 0.5194 x_5 + (-0.0735) x_6$$

$Z_2 = 0.5509x_1 + 0.5666x_2 + 0.0276x_3 + 0.1241x_4 + (-0.1721)x_5 + 0.5742x_6$

例えば，企業Aの場合には上式のように，表8.2の企業Aの各特性の規準化データを代入すれば，企業Aの第1主成分得点 Z_{1A} と第2主成分得点 Z_{2A} が求まる．

企業Aの第1主成分得点 Z_{1A} と第2主成分得点 Z_{2A} は，次のようになる．

$Z_{1A} = 0.2925 \times 1.690 - 0.1951 \times 1.240 + 0.5692 \times 0.538$
$\quad + 0.5265 \times 0 + 0.5194 \times 0 - 0.0735 \times 0.510 = 0.5211$

$Z_{2A} = 0.5509 \times 1.690 + 0.5666 \times 1.240 + 0.0276 \times 0.538$
$\quad + 0.1241 \times 0 - 0.1721 \times 0 + 0.5742 \times 0.510 = 1.9413$

表8.7 各企業の主成分得点Zの表

企業	第1主成分	第2主成分	第3主成分	第4主成分	第5主成分	第6主成分
A	0.521	1.941	-0.579	-0.681	-0.049	0.318
B	-0.612	1.640	0.373	0.605	0.873	-0.002
C	-2.476	1.740	0.457	0.167	0.190	-0.159
D	2.660	1.715	-0.299	0.304	-0.416	-0.115
E	1.320	1.112	-0.189	0.206	0.291	-0.199
F	2.104	0.136	-0.490	-0.167	-0.431	0.378
G	-1.512	0.639	1.808	-0.397	-0.626	0.043
H	-0.683	-1.068	0.140	0.291	-0.666	-0.304
I	1.165	-1.796	0.521	-0.206	0.690	0.057
J	1.643	-0.895	0.284	-1.312	0.302	-0.393
K	-0.561	-0.442	-0.737	0.571	0.309	0.006
L	-1.963	-1.095	-1.520	-0.169	-0.060	-0.239
M	-2.951	-0.465	-0.555	-0.501	-0.110	0.322
N	0.799	-1.043	0.102	0.835	-0.581	-0.071
O	0.545	-2.120	0.685	0.454	0.286	0.357
主成分得点の分散	2.903	1.889	0.595	0.324	0.227	0.062

以下，同様にしてA以外の他企業の各主成分得点についても求めることができる．また，第3主成分〜第6主成分までの主成分得点も，求められた第3主成分〜第6主成分までの固有ベクトルを用いて，各企業の評価規準化データと固有ベクトルとの積和から求まる．このようにして求めた各企業の主成分得点を表8.7に示す．

各主成分得点の分散は各主成分の固有値と一致する．市販のパソコン解析ソフトの主成分得点は，この主成分得点の分散が1になるように，さらに規準化して示される．すなわち，表8.7の各主成分の得点を規準化するには，すでに平均は0であるので，その主成分得点の標準偏差（分散の平方根）で割ればよい．表8.8に，規準化した主成分得点の値 Z^* を示す．

表8.8　規準化した主成分得点 Z^* の表

企業	第1主成分	第2主成分	第3主成分	第4主成分	第5主成分	第6主成分
A	0.306	1.412	-0.750	-1.197	-0.102	1.278
B	-0.359	1.193	0.483	1.062	1.831	-0.007
C	-1.453	1.266	0.593	0.294	0.398	-0.638
D	1.561	1.248	-0.387	0.534	-0.874	-0.462
E	0.774	0.809	-0.246	0.362	0.610	-0.799
F	1.235	0.099	-0.635	-0.294	-0.906	1.517
G	-0.887	0.465	2.344	-0.698	-1.315	0.174
H	-0.401	-0.777	0.181	0.511	-1.399	-1.222
I	0.684	-1.307	0.675	-0.362	1.448	0.227
J	0.965	-0.651	0.369	-2.305	0.634	-1.580
K	-0.329	-0.321	-0.955	1.004	0.649	0.025
L	-1.152	-0.796	-1.971	-0.297	-0.125	-0.958
M	-1.732	-0.339	-0.720	-0.880	-0.230	1.294
N	0.469	-0.759	0.132	1.467	-1.220	-0.286
O	0.320	-1.542	0.888	0.797	0.599	1.435

事例27 商品情報による企業力評価の実施

　企業Aの第1主成分および第2主成分の規準化した主成分得点 Z^* は，
$Z^*_{1A} = 0.5211/\sqrt{2.903} = 0.306$，$Z^*_{2A} = 1.9413/\sqrt{1.889} = 1.412$　で求まる．

　表8.8の規準化した主成分得点の結果から，15の各企業を第1主成分と第2主成分の軸上に布置（ポジショニング）したのが，**図8.11** である．
　ここで，倒産企業は，どういう特徴があるのかを探るために，図8.11上に，倒産した企業には×印のマークをつけた．その結果，倒産企業は，Z^*_2 の下側に集まっていることがわかる．これより，販売業種では，アクティブでない企業は倒産しやすいということがわかる．
　このように，マトリックス・データがもっている構造を探ろうとする

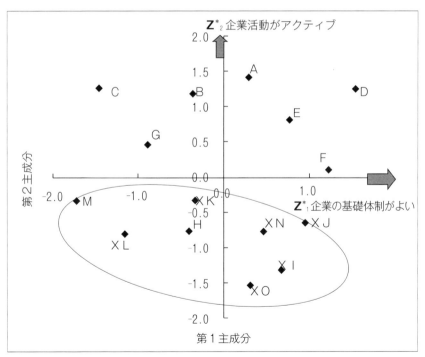

図8.11　規準化した第1主成分と第2主成分の得点による各企業 A～O の位置

のが主成分分析である．

Step 3　統計用語の理解

次に，主成分分析で使われる統計用語の意味を再度説明するので，理解しよう．

(1)　固有値と固有ベクトルは何を意味しているのかの理解

表8.4が，固有値の表である．固有値は，求めた新しい主成分がもつ主成分軸上での対象（サンプル）のばらつき（分散）を示す．この値が大きいほど，その主成分の説明力は増し，かつ，元の全データが有しているばらつきのうち，この主成分でどれくらい説明できているかを見るメジャーとなる．表8.4の第1主成分Z_1の固有値は2.903で，元のデータがもつ情報の48.38％の説明力をもっている．

固有ベクトルは，代数的には，線形結合された総合特性値を示す関数において，各特性にかかっている重み係数をいう．幾何学的には，p特性のp次元空間上において，求められた新しい主成分軸と元のp個の各変数軸との方向余弦を示す．

第1主成分Z_1の固有ベクトルは，表8.4から，特性$x_1, x_2, \cdots, x_p$との (0.2925, $-$0.1951, 0.5692, 0.5265, 0.5199, $-$0.0735)であり，Z_1とx_1, $x_2, \cdots, x_p$との各々の角度のcos値を示している．

(2)　主成分負荷量は何を意味しているのかの理解

主成分負荷量は，各主成分軸の固有ベクトルの値にその主成分の固有値の平方根を乗じたものであり，その主成分と元の特性との相関係数を示す．この主成分負荷量を因子負荷量とも呼び，その名は因子分析法から由来している．

求められた主成分軸がどのような軸の内容になっているかは，この主成分負荷量の絶対値の大きさにより関係度を測り，主成分軸の意味づけを行う．事例の表8.6からは，第1主成分に関係が大きい変数は，＋の方向で仕入生産力 $x3$，資金調達力 $x4$，組織管理力 $x5$であることがわかる．よって，第1主成分 Z_1 は＋の方向ほど企業の基礎体制ができていることを表す軸となる．このように，主成分軸の内容をこの主成分負荷量から考察する．

(3) 寄与率と累積寄与率とは何を意味しているのかの理解

寄与率は，元の全データ（マトリックス・データ行列）が有していたばらつき（情報量）を100％としたときに，新しく求めた主成分でどれだけのその情報を再現説明できているかを示す値である．事例の第1主成分の寄与率は，2.903/6.000（分母が元の全データがもつ情報量）＝0.4838であるから，寄与率は48.38％となる．

累積寄与率は，最初の主成分の寄与率から，求めたい主成分までの寄与率を累積した値である．活用事例での第2主成分までの累積寄与率は48.38＋31.48＝79.86であり，79.86％となる．

Step 4　目的に合わせて主成分の数を選択

第何主成分までを選ぶかがよく議論される．元の特性がもつばらつきが1なので，合成変量となる主成分にはそれ以上の情報をもつことを要請するという立場から，1より小さい固有値を無視するという人がいる．大まかな目安としてはよい．

M.G. ケンドールは，固有値の出方のパターンをよく検討して，明らかな分かれ目があるかどうかを調べて，固有値の値があまり変わらなくなった主成分以下は無視するのがよいとしている（固有値が変わらなく

なったら，それ以下の楕円体は球に近くなるので，どの方向から切って見ても特徴が捉えられない）．

　また，累積寄与率が80％以上の主成分を採用すべきという解釈もあるが，実際の適用においては，少ない主成分の数で，累積寄与率が80％以上になることは多くなく，80％以上という基準にはこだわる必要はない．少しでも構造がわかればよいとするならば40％でもよい．要は，使う目的により，それなりの基準を用いればよい．

活用術　その二十七

　要は，累積寄与率が80％以上などの何の根拠もない基準などに振り回されずに，目的に合わせて必要なだけの主成分の数を選べばよい．

〈野口博司〉

事例27　商品情報による企業力評価の実施

事例28　ビッグデータから倒産企業の予測

ビッグデータから取引先アパレル企業の倒産予知を検討するために活用したマトリックス・データ解析の事例

マトリックス・データ解析

　企業経営は複雑になり，もはや従来の慣習による財務指標の見方では，倒産する企業を予知することは困難になってきていた．そこで，マトリックス・データ解析により，見方を変えた新しい切口（特性値）で分析することで，倒産する企業を予知することができるようになった．

　取引先の与信評価において，ある素材メーカーの財務専門家が，報告される財務指標を従来からの慣習による見方だけでは，取引先の与信を評価するのが困難になってきたと感じていた．そこで何か違った評価の方法はないかを検討するために，ビッグデータのデータベースから取引先を抽出したマトリックス・データ解析により，マトリックス・データを見やすく整理してみると，倒産企業の側面が捉えられた．

Step 1　テーマや目的の決定

　取引先企業が倒産する要因は何かを探り，その危険性を予知できる企業倒産アラームシステムを構築したい．

Step 2　データベースから取引先を抽出，データ収集・入力

　表8.9 は，取引先企業68社を列方向に，特性14の財務指標項目を行方向に並べたマトリックス・データ表である．この68の企業には，すでに倒産した企業群14社や，2期連続で増収増益を果たしている優良企業31社が混ざっている．また倒産しておらず，優良でない企業群も23社含まれている．

表8.9 取引先企業の財務指標データ

要因 企業 No.	収益性		安全性			………	成長性	
	収益力比率	使用総資本 経常利益率	自己資本 比率	流動比率	固定比率	………	売上高 増加率	経常利益 増加率
	X_1	X_2	X_3	X_4	X_5	………	X_{13}	X_{14}
1	14.1	22.1	45.3	135.1	62.1	………	14.4	6.1
2	2.2	2.8	12.6	118.2	183.1	………	24.9	154.5
3	1.1	3.6	6.1	107.9	94.8	………	14.2	33.2
4	7.5	6.2	21.3	35.2	373.5	………	26.5	195.6
5	8.8	16.0	27.1	140.8	143.4	………	10.7	32.8
6	1.8	4.8	17.6	87.2	290.9	………	8.7	10.3
7	2.0	10.5	49.0	201.2	14.9	………	7.7	81.5
8	1.1	2.8	12.0	133.2	136.7	………	6.1	6.5
9	2.5	10.2	7.6	154.5	67.3	………	4.1	166.1
10	6.8	10.5	46.6	190.8	39.6	………	17.1	14.8
11								
12		優良企業群		不良企業群			倒産企業群	
13	一次規定	高利益，高成長の優良企業とされているところ		優良企業でもなく倒産もしないところ			倒産した企業	
14								
15	二次規定	使用総資本経常利益率と収益力比率で，過去2年間黒字を続け，成長性指標3要因（①売上高増加率，②経常利益増加率，③内部留保増加率）のうち，2要因以上がプラスになった企業		使用総資本経常利益率と収益力比率で，過去2年間赤字を続け，成長性指標3要因（①売上高増加率，②経常利益増加率，③内部留保増加率）のうち，2要因以上がマイナスになった企業				
⋮								
67								
68	対象企業数	31		23			14	

各財務指標項目14特性において，優良企業と倒産企業を峻別できるものはないかを**図8.12**のヒストグラムで検討した．すると，どの指標特性においても優良企業群と倒産企業群を峻別できる指標項目は見つけられなかった．

第8章 マトリックス・データ解析法の活用術

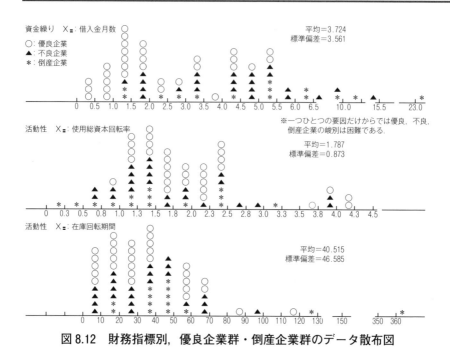

図 8.12 財務指標別, 優良企業群・倒産企業群のデータ散布図

Step 3　データ間の相関行列の作成

紙面の関係上省略する．

Step 4-1　主成分分析の実施(1)：固有値・固有ベクトルを求め，主成分を意味づけ

そこで，表8.9のデータを用いてマトリックス・データ解析を実施した．その結果が**表8.10**である．表8.10で導かれた各指標特性の主成分負荷量は，第1主成分では，使用総資本経常利益率，自己資本比率，収益率比率，売上増加率が＋で高い，すなわち，＋側にいくほど収益性と成長性を示す軸と解釈できた．次に，第2主成分の主成分負荷量では，

売上債権期間,在庫回転期間,借入債務期間,使用総資本回転率が＋で高く,企業の活動性を示す軸であることがわかった.

Step 5-1　企業の散布図の作成(1)

そこで,この第1主成分を横軸に,第2主成分を縦軸にして,68社の企業の布置(ポジショニング)を求めると,**図8.13**のようになった.主成分1である横軸の＋側ほど優良企業が多いことがわかる.優良企業は,収益性と成長性がよいことがわかる.しかし,これだけでは,倒産企業はどのような企業なのかを見る与信評価の手立てにはならなかった.

表8.10　優良・不良・倒産企業の主成分分析の結果

要因　　　　　　　主成分軸	Z_1	Z_2	Z_3	Z_4	Z_5
X_1：収益率比率(％)	0.8352	0.2787	0.2739	0.0896	-0.0530
X_2：使用総資本経常利益率(％)	0.8803	0.2175	0.1898	0.0342	-0.0660
X_3：自己資本比率(％)	0.8692	0.1222	-0.0247	-0.1670	-0.1237
X_4：流動比率(％)	0.5081	0.3652	-0.5249	-0.2149	-0.4299
X_5：固定比率(％)	-0.1630	0.1664	0.6130	0.0885	-0.5893
X_6：手形手持月数(月)	0.0418	0.4988	0.1656	-0.6691	0.0630
X_7：経常収支比率(％)	0.5724	0.2298	0.1040	0.5538	-0.1482
X_8：借入金月数(月)	-0.8138	0.3022	-0.1560	0.2559	-0.0400
X_9：使用総資本回転率(％)	0.4414	0.6360	-0.1549	-0.1618	0.0013
X_{10}：在庫回転期間(日)	-0.1400	0.7083	-0.4833	0.0481	-0.2130
X_{11}：売上債権回転期間(日)	-0.5182	0.7269	-0.0183	-0.1384	0.0284
X_{12}：買入債務回転期間(日)	-0.1942	0.6772	0.4171	0.0284	0.3671
X_{13}：売上高増加率(％)	0.7922	0.1807	0.0136	-0.1250	0.4069
X_{14}：経常利益増加率(％)	0.4526	0.3662	-0.3059	0.4038	0.3354
固　有　値	4.7229	2.7537	1.3512	1.1381	1.0411
寄　与　率	33.73	19.67	9.65	8.13	7.44
累積寄与率	33.73	53.40	63.06	71.19	78.62
主成分軸の意味	収益性と成長性	活動性	安全性	資金繰り	？

Step 4-2. 主成分分析の実施(2)：再び固有値・固有ベクトルを求め，主成分を意味づけ

そこで，企業68社から優良企業群の31社を除き，残りの37社において再び主成分分析を実施した．その結果が**表 8.11** である．

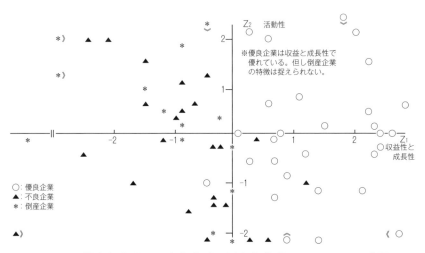

図 8.13　優良企業群，不良企業群，倒産企業群の $Z_1 \times Z_2$ での布置

表8.11 優良企業群を除いた37社による結果

要因 主成分軸	Z_1	Z_2	Z_3	Z_4	Z_5
X_1 ：収益率比率(％)	0.8650	0.1494	0.3106	−0.1279	0.2466
X_2 ：使用総資本経常利益率(％)	0.8606	0.1734	0.2929	−0.1007	0.2777
X_3 ：自己資本比率(％)	0.8669	−0.0233	0.0990	0.2791	−0.1485
X_4 ：流動比率(％)	0.5429	0.5450	−0.4572	−0.2195	−0.0961
X_5 ：固定比率(％)	0.0018	0.1862	0.6190	−0.3589	−0.2981
X_6 ：手形手持月数(月)	0.1038	0.4867	0.2599	0.0747	−0.6573
X_7 ：経常収支比率(％)	0.6333	0.2665	−0.1032	−0.6069	0.0112
X_8 ：借入金月数(月)	−0.7463	0.5213	−0.1438	−0.0988	0.1065
X_9 ：使用総資本回転率(％)	0.4525	−0.7054	−0.1827	−0.1167	0.0394
X_{10} ：在庫回転期間(日)	0.0529	0.7786	−0.4112	−0.0242	−0.1081
X_{11} ：売上債権回転期間(日)	−0.2055	0.8845	0.0511	0.0191	0.1802
X_{12} ：買入債務回転期間(日)	−0.1153	0.6211	0.4872	0.3694	0.3591
X_{13} ：売上高増加率(％)	0.5833	0.0623	−0.0439	0.6624	−0.1696
X_{14} ：経常利益増加率(％)	0.4292	0.2572	−0.5399	0.2149	0.0818
固　有　値	4.2916	3.3064	1.6190	1.6011	0.9117
寄　与　率	30.65	23.62	11.56	9.29	6.51
累積寄与率	60.65	54.27	65.84	75.13	81.64
主成分軸の意味	収益性と資金繰り	活動性	安全性	成長性	金の滞留期間が短い

表8.11から，第1主成分の主成分負荷量が高かった財務特性を見ると，ほぼ全データを用いた前回の結果と変わらず，収益性と資金繰りである．第2主成分においてほぼ同じ活動性となる．

Step 5-2. 企業の散布図の作成(2)：再び主成分得点を計算し散布図を作成

そこで，再び37社の第1主成分と第2主成分での布置を求めると，図8.14のようになった．表8.11の固有ベクトルの主成分1と2の値を見てわかるように，優良企業を含んだすべての企業における結果である表8.10と比べて，主成分と関係する財務特性に大きな差がなかったことから，倒産企業群と倒産企業群の峻別はできないことが想定される．そこで，主成分3から主成分4へ逐次と下げていき，いくつかの主成分による組合せで，企業の布置を求め，倒産企業とそうでない不良企業群が峻別できるような布置が得られないか検討した．すると，図8.15のように，横軸に主成分2と縦軸に主成分5としたときの企業布置で，明らかに上方にきた企業が倒産していることが読み取れた．

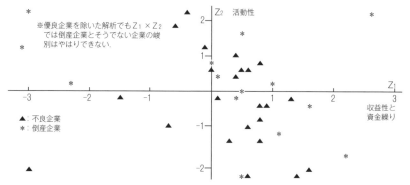

図8.14　優良企業群を除いた，倒産企業14社と不良企業23社の$Z_1 \times Z_2$での布置

事例28　ビッグデータから倒産企業の予測

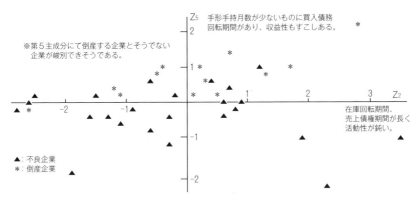

図 8.15　主成分2(Z_2)と主成分5(Z_5)による倒産企業と不良企業群の布置

Step 6　結果のまとめ

このことより，逆に主成分5はどのような意味をもつ主成分なのか，表8.11に戻り考察した．主成分5の＋側は，収益性も少しあるが買入債務回転期間があり，手形手持月数が－で少ない．すなわち，少し収入があってもすぐに借金取りが待っていて，火の車の状態であることを意味している．つまり，予定していた収入が入らなくなると不渡りを出して倒産するということがわかった．

これ以降，財務の専門家は，このようなシナリオを前提に与信評価を行い，以前よりも貸し倒れを少なくすることができたという実際の活用例である．

> **活用術　その二十八**
>
> このように，マトリックス・データが与えられれば，そのマトリックス・データの内容を考察しやすくするために主成分分析は威力を発揮するのである．
>
> 〈野口博司〉

第8章　マトリックス・データ解析法の活用術

猪原教授のＮ７の真髄⑦　マトリックス・データ解析法

　マトリックス・データ解析法は，Ｎ７のなかで唯一数値データを活用する手法である．読者のみなさんの会社において，従業員の血圧と年収のデータを収集し，それらから散布図を作成すると，血圧と年収に正の相関関係があると思う．「そうか，年収を増やすためには，不健康な生活をすればよいのか」などと思われる方はいない．それは，「年齢と血圧」，「年齢と年収」の間に正の相関関係があるために発生していることなのである．

　このように，観測した変数間の相関関係を利用して，潜在している要因を浮き彫りにすることで，真に対策を必要とする要因を明らかにする方法として，マトリックス・データ解析法がある．統計学の世界では主成分分析法と呼ばれる方法である．

　新製品開発に際して市場アンケート調査を行ったとき，複数のアンケート項目に対する調査結果から，お客様の真のニーズを知りたい．新入社員に対する各種能力調査データから，彼らあるいは彼女らの能力をもっとも発揮できる配属先を知りたい．会社の広報活動に対するお客様のアンケート評価結果から，自社の広報活動における問題点を知りたい．

　マトリックス・データ解析法の真髄は，

- アンケート調査や社会調査を行って得られるデータから，それらの背後に潜在する真の問題点を明らかにすること

ということである．まさに，今日のビッグデータ解析のための方法として注目される方法なのである．

　実際の活用には，適切な統計処理ソフトが必要となるため，すべての方が実行できるわけではないのであるが，最近では，「Ｒ」と呼ばれるフリーの統計ソフトや，簡易版のExcelによる計算ソフトが公開されているため，積極的に活用してほしい手法である．

引用・参考文献

1) 今里健一郎,佐野智子:『図解で学ぶ品質管理』,日科技連出版社,2013年.
2) 野口博司編著,磯貝恭史,今里健一郎,持田信治著:『ビッグデータ時代のテーマ解決法　ピレネー・ストーリー』,日科技連出版社,2015年.

■編著者紹介

今里　健一郎　（いまざと　けんいちろう）

　1972年福井大学工学部電気工学科卒業，同年関西電力株式会社入社，同社TQM推進グループ課長，能力開発センター主席講師を経て退職(2003)，2003年ケイ・イマジン設立，現在，ケイ・イマジン代表，近畿大学講師，流通科学大学講師，一般財団法人日本科学技術連盟嘱託，一般財団法人日本規格協会技術アドバイザー．

飯塚　裕保　（いいづか　ひろやす）

　1990年に積水化学工業株式会社入社．コーポレート生産力革新センター・CS品質グループ所属．国内2工場で15年間，主に粘着テープ製品の技術・設計開発を担当．その後工場で品質保証部門，製造部門を経て現職．

猪原　正守　（いはら　まさもり）

　1986年大阪大学大学院基礎工学研究科博士後期課程修了，1986年大阪電気通信大学工学部経営工学科・講師，同大学情報通信工学部情報工学科・教授，現在に至る．

神田　和三　（かんだ　かずみ）

　1984年京都工芸繊維大学繊維学部繊維工学科卒業，同年東洋紡績株式会社入社，伊勢工場製造課長，営業部門を経て，品質保証室主幹，現在に至る．

北廣　和雄　（きたひろ　かずお）

　1974年積水化学工業株式会社入社．現在，本社生産力革新センターCS品質グループ技術顧問．博士（工学），技術士（経営工学部門・総合技術監理部門）他．

兒玉　美恵　（こだま　みえ）

　福岡教育大学教育学部小学校課程数学科卒，1988年東陶機器株式会社入社，システム部門所属，出産を機に退職．2006年日本鋳鍛鋼㈱入社，人事労政グループ所属．社内教育全般の企画・開発を担当．

小林　正樹　（こばやし　まさき）

　1997年関西電力株式会社入社，2011年関西電力能力開発センター一般研修グループ副長，2015年国際事業本部国際グループリーダー．

子安　弘美　（こやす　ひろみ）

　パナソニック株式会社アビオシステムBU品質管理チームチームリーダー，パナソニックアビオシステムコーポレーション(USA)製品信頼性Gディレクターを経て2009年退社．2009年よりテネジーコーポレーション品質顧問．

高木　美作恵　（たかぎ　みさえ）

　2014年シャープ株式会社CS・環境推進本部(部長職)にて退職．2014年クリエイティブ　マインド設立．現在，クリエイティブ　マインド代表，一般財団法人日本科学技術連盟嘱託，一般財団法人日本規格協会技術アドバイザー．

田中　達男　（たなか　たつお）

　関西大学大学院工学研究科博士課程前期課程修了，株式会社ニチフ端子工業技術部品質保証グループ長，日本インシュレーション株式会社TQC室長，株式会社赤福品質保証部長を経て，現在同社補佐(特別職)，食品安全ネットワーク役員，きょうと信頼食品制度検査員．

玉木　太　（たまき　ふとし）

　住友電気工業株式会社生産技術本部生産技術部テクニカルトレーニングセンター主幹．博士(工学)．社内のモノづくり研修全般の企画・開発・運営にあたる．専門分野は統計的品質管理など品質管理・改善．

編著者紹介

野口　博司　（のぐち　ひろし）

　京都工芸繊維大学大学院工芸学研究科卒業(1972)．同年東洋紡績株式会社入社，1998年大阪大学から工学博士を授与．同社TQM活動推進室課長，技術部部長を経て2000年から流通科学大学へ転職．2015年流通科学大学教授にて定年退職．同年流通科学大学から名誉教授の称号を授与．現在，ピレネー・ストーリー研究所所長．

山来　寧志　（やまらい　やすし）

　大阪電気通信大学講師．多変量解析法(回帰分析法・主成分分析法・因子分析法など)を用いたデータ解析に関する研究活動を行う．一般財団法人日本科学技術連盟や一般財団法人日本規格協会にて企業向けセミナーの講義なども行う．

新QC七つ道具活用術
―こんな使い方もある新QC七つ道具―

2015年11月2日　第1刷発行

編　者	西日本N7研究会
編著者	今里　健一郎
著　者	飯塚　裕保　　子安　弘美
	猪原　正守　　高木　美作恵
	神田　和三　　田中　達男
	北廣　和雄　　玉木　太
	兒玉　美恵　　野口　博司
	小林　正樹　　山来　寧志
発行人	田中　健

検印省略

発行所　株式会社　日科技連出版社
〒151-0051　東京都渋谷区千駄ヶ谷5-15-5
DSビル
電話　出版　03-5379-1244
　　　営業　03-5379-1238

印刷・製本　三秀舎

Printed in Japan

© Kenichiro Imazato et al. 2015
URL　http://www.juse-p.co.jp/

ISBN 978-4-8171-9563-0

本書の全部または一部を無断で複写複製(コピー)することは，著作権法上での例外を除き，禁じられています．